国家科技重大专项（2016ZX05043-005）

急倾斜煤层分段开采围岩裂隙场演化及瓦斯运移规律

Evolution of Surrounding Rock Fracture Field and Gas Migration Law in Sublevel Mining of Steep Coal Seam

刘　程　著

科学出版社

北　京

内 容 简 介

本书针对急倾斜煤层瓦斯涌出的来源不清、来源复杂，以及行业缺少该类工作面瓦斯涌出量预测方法的现状，以急倾斜煤层分段开采矿井——乌东煤矿为试验点进行研究。主要揭示急倾斜煤层分段开采工作面的围岩破坏及裂隙场的分布特征，分析裂隙场对围岩瓦斯的运移影响，揭示工作面底部煤体瓦斯渗流规律，建立适合急倾斜煤层分段开采的工作面瓦斯涌出量预测方法，优化急倾斜煤层开采高位拦截抽采和底部煤体拦截抽采钻孔的布置参数，最后进行急倾斜煤层瓦斯抽采研究的现场应用试验。

作为一本阐述急倾斜煤层分段开采围岩裂隙场演化及瓦斯运移规律的专著，本书适合采矿工程、安全工程方面专家学者、煤矿管理者及煤矿现场技术人员阅读。

图书在版编目（CIP）数据

急倾斜煤层分段开采围岩裂隙场演化及瓦斯运移规律= Evolution of Surrounding Rock Fracture Field and Gas Migration Law in Sublevel Mining of Steep Coal Seam/刘程著.—北京：科学出版社，2020.7

ISBN 978-7-03-064827-3

Ⅰ.①急…　Ⅱ.①刘…　Ⅲ.①急倾斜煤层-回采工作面-围岩-裂隙（岩石）-孔隙演化-研究 ②急倾斜煤层-回采工作面-瓦斯渗透-研究　Ⅳ.①TD823.21 ②TD712

中国版本图书馆CIP数据核字（2020）第062318号

责任编辑：李　雪　李亚佩/责任校对：王萌萌
责任印制：吴兆东/封面设计：无极书装

科学出版社 出版
北京东黄城根北街 16 号
邮政编码：100717
http://www.sciencep.com

北京厚诚则铭印刷科技有限公司 印刷
科学出版社发行　各地新华书店经销
*

2020 年 7 月第 一 版　开本：720×1000　1/16
2020 年 7 月第一次印刷　印张：9 3/4
字数：197 000
定价：118.00 元

自　序

　　煤炭资源在我国能源生产和消耗中占据了较大的比重，且在未来很长一段时间仍将是我国的主导能源。新疆作为国家批建的 14 个亿吨级大型煤炭基地之一，预测煤炭储量可达 2.19 万亿 t。我国急倾斜煤层储量占世界同类煤层的 30% 以上，仅乌鲁木齐矿区急倾斜煤层的探明储量就占我国同类煤层储量的 25% 以上。

　　大量的科学研究和生产实践表明，煤岩体受采动影响变形、破坏后，形成采动裂隙，为瓦斯运移提供了流动通道，从而形成瓦斯运移，常见的如煤体瓦斯自然涌出、瓦斯喷出，甚至瓦斯突出等。随着矿井开采水平的延伸，煤层瓦斯压力、瓦斯浓度逐步增大，矿井瓦斯增多。另外，随着煤矿综合机械化采煤技术的发展，矿井开采规模不断增大，开采速度不断提高，采动影响对瓦斯平衡状态的破坏越加明显，造成矿井瓦斯灾害更加严重。因以前急倾斜煤层开采矿井较少，而且开采深度较浅，矿井瓦斯涌出量较小，但随着开采深度的增加，瓦斯灾害逐渐成为影响我国急倾斜煤层开采矿井安全生产的重要因素。目前，国内对急倾斜煤层水平分段开采工作面底部煤体瓦斯涌出规律及瓦斯灾害防治技术研究甚少，对该类工作面瓦斯涌出量预测也缺少相关标准和依据。为了更加有效地治理瓦斯灾害，减少瓦斯灾害对安全生产的影响，有必要开展有关急倾斜煤层的瓦斯赋存规律、瓦斯在围岩裂隙场的运移规律、瓦斯涌出的影响因素的研究工作。为了实现矿井的高效生产，有必要建立适合矿井自身条件的瓦斯抽采技术体系及瓦斯抽采效果评价体系，并配套相应的瓦斯灾害治理管理制度，切实保障瓦斯抽采措施落实到位。

　　在本书编撰和出版过程中得到了中国煤炭科工集团重庆研究院黄声树研究员、董钢锋研究员、孙东玲研究员、黄旭超研究员等的帮助，得到了西安科技大学李树刚教授、杨守国副教授、林海飞教授、任海峰教授、金永飞教授、成连华副教授、肖鹏副教授、金洪伟副研究员、双海清博士等的帮助，得到了神华新疆能源有限责任公司陈建强先生、马洪涛先生、常博先生、赵凯先生等的帮助，得到了我的朋友王刚教授、孙路路博士、陈亮先生、刘军先生、秦松先生、陶冬先生等的帮助，在此一并表示衷心的感谢！感谢中国煤炭科工集团西安研究院科技创新及著作出版基金的支持。

著　者
2019 年 12 月

前　言

新疆是我国 14 个亿吨级大型煤炭生产基地之一。急倾斜煤层构造较为复杂、开采难度较大，目前新疆地区常用的开采方法是水平或斜切分段放顶煤采煤法，但是其具有采放比较大、顶煤及顶板控制难度大、底部煤体自卸压瓦斯解吸及运移、采空区遗煤较多等特点，工作面瓦斯防治工作难度较大，瓦斯、顶板等动力灾害事故频发。由于乌东煤矿的煤层赋存条件、采煤方法、瓦斯防治技术等都具有代表性，本书以乌东煤矿为试验点，对急倾斜煤层分段开采的围岩裂隙场演化、瓦斯运移及涌出规律、瓦斯涌出预测模型及瓦斯抽采关键技术优化等多个方面进行系统研究。

本书采用相似模拟实验、数值模拟、理论分析和现场测定与验证等多种研究手段，揭示急倾斜煤层水平分段开采工作面的围岩破坏及裂隙场分布特征，分析裂隙场对围岩瓦斯的运移影响，揭示工作面底部煤体瓦斯渗流规律，建立适合急倾斜煤层分段开采的工作面瓦斯涌出量预测方法，优化急倾斜煤层分段开采瓦斯抽采关键技术。本书以急倾斜煤层分段开采的围岩裂隙场瓦斯运移规律研究为中心，通过多种研究手段相结合的方法，获得了急倾斜煤层分段开采工作面上部垮落区的空隙区、裂隙区的分布规律，下部煤体的裂隙区分布规律和瓦斯解吸及运移规律，改进了工作面的瓦斯涌出量预测方法，优化了高位拦截抽采瓦斯和底煤拦截抽采瓦斯技术参数。

急倾斜煤层的分段开采方法较为复杂。较大的采放比，较复杂的顶板管理和放顶煤技术，导致煤岩变形破坏和裂隙发育特征差异性很大；煤岩的物理化学参数、开采深度、覆岩及第四纪覆盖层的厚度不同，产生的采动特征也有差异。因此，在推广应用本书研究成果时，仍然需要根据具体情况开展专项研究，继续推动瓦斯预测和抽采技术的进步。

本书改进的急倾斜煤层分段开采瓦斯涌出量预测方法，虽然经过了专家鉴定和现场工业试验，但是要依据该方法修订行业技术标准，还需要在多个煤矿继续试验。同时，还需要深入开展围岩及底煤空间瓦斯运移场椭球体的研究，其应力集中、裂隙场、空隙区、冒落边界等参数的定量研究能够为瓦斯动力灾害防治提供理论基础。

刘　程

2020 年 2 月 27 日

目　　录

1 围岩裂隙场瓦斯运移规律研究

1.1 绪　论

据统计，我国西部各省(自治区、直辖市、新疆生产建设兵团)有超过 50%
的煤矿为急倾斜煤层[1-4]。新疆是我国 14 个亿吨级大型煤炭基地之一[5]，主要
集中在库拜、吐哈、伊犁、准噶尔四大区。准噶尔盆地南部乌鲁木齐矿区的
急倾斜煤层的探明储量约 36 亿 t，占我国同类煤层储量的 25%以上[6]。

急倾斜煤层赋存较为复杂、开采难度大。近 10 余年来，新疆区域急倾斜
煤层的开采方法主要有过柔性掩护支架采煤法、巷道放顶煤采煤法、水平分段综
采放顶煤采煤法、斜切分段综采放顶煤采煤法等。目前常用的开采方法是水
平或斜切分段综采放顶煤采煤法、乌东煤矿等 10 余处煤矿均采用该方法开采
急倾斜特厚煤层，具有典型代表性[7-10]。由于急倾斜煤层的采放比较大、顶煤
及顶板控制难度大、底部煤体自卸压瓦斯解吸及运移、采空区遗煤较多等特
点，工作面瓦斯防治工作难度较大，事故频发。

2007 年，中国煤炭工业协会和神华集团有限责任公司邀请专家到新疆考
察论证，经国家煤矿安全监察局批准，对急倾斜特厚煤层试验分段综采放顶
煤采煤法，其采放比可突破 1∶3，但最大不超过 1∶8。2016 年修订《煤矿
安全规程》后，急倾斜煤层分段综采放顶煤的采放比可经论证后设计在 1∶8
以内。然而，放顶煤高度的增大会大幅度提高工作面瓦斯和动力灾害的发生
概率。

急倾斜煤层采用分段综采放顶煤采煤法时，采煤效率和生产延深速度大
幅度提高，煤矿的瓦斯涌出绝对量和相对量都增加很快，特别是在瓦斯灾害
防治的同时还需防治煤自燃、冲击矿压、顶煤及顶板过量垮落等，还容易导
致煤矿防灾治灾工程与采掘工程之间出现失调。

急倾斜煤层采用分段综采放顶煤采煤法时，其工作面顶部煤体及顶板容
易过量垮落，导致工作面矿压显现规律较为复杂[11-18]，采空区及覆岩裂隙容
易与地面贯通，致使工作面风流不稳定，容易发生采空区煤炭自燃事故、工
作面有毒有害气体涌出事故等。

急倾斜煤层采用分段综采放顶煤采煤法时，工作面沿着煤层倾向布置，其底部是煤炭，且在自卸压作用下大量瓦斯解吸和运移；工作面围岩裂隙发育及瓦斯运移规律与走向长壁采煤法有所不同，其工程设计、防灾治灾措施设计的依据不充分。例如，参照《矿井瓦斯涌出量预测方法》（AQ 1018—2006）预测工作面瓦斯涌出量时计算结果为负数，不符合工程实践；抽采技术优化前工作面瓦斯抽采系统管道内的瓦斯浓度、瓦斯纯量很低，抽采效率很低，甚至由于管道抽采改变了工作面通风系统的流场而加剧了煤炭自燃的危险性。

急倾斜煤层采用分段综采放顶煤采煤法的瓦斯防治相关技术标准、工程设计规范、理论依据还不完善，长期依靠煤炭企业、科技服务机构的相关工程技术人员的经验开展工作，具有相当的人为主观性，在技术推广应用方面受到限制，制约了急倾斜煤层的集约化及安全、高效生产。

因此，以乌东煤矿为试验点，采取相似模拟实验、数值模拟、理论分析和现场测定与验证等相结合的方法，研究急倾斜煤层分段开采时围岩的裂隙场发育及时空演化过程，以及工作面围岩瓦斯运移规律，建立急倾斜煤层分段开采时的瓦斯涌出量预测方法，优化瓦斯抽采工艺，这对急倾斜煤层分段开采过程中的瓦斯防治及矿井安全生产具有重大的工程意义和社会效益。

1.2 裂隙场分布规律与瓦斯运移规律研究现状

1.2.1 急倾斜煤层工作面围岩裂隙场分布规律的研究现状

随工作面采动的进行，由于开采空间的形成，覆岩在自重和地应力作用下发生逐层的垮落、破坏、位移、变形等，在工作面开采空间周围形成复杂的围岩采动裂隙场。长期以来，国内外学者和工程技术人员分别从理论、数值模拟、相似模拟实验、现场考察等方面开展了大量的研究，但目前研究的成熟的成果主要是近水平、缓倾斜、倾斜煤层的走向长壁采煤法工作面的情况，而对急倾斜煤层分段开采的工作面煤层及围岩裂隙场的研究较少。

1.2.1.1 急倾斜煤层工作面围岩裂隙场分布规律的理论研究

国内学者和工程技术人员对急倾斜煤层工作面采动裂隙场的理论研究，主要有砌体梁理论[19]、传递岩梁假说[20,21]、岩板理论[22]、岩层控制的关键层理论[23-29]等。

张勇等[30]结合弹塑性力学和断裂力学相关理论分析了急倾斜煤层工作面覆岩裂隙扩展的力学准则，将急倾斜煤层工作面覆岩裂隙场划分为原生裂隙区、次生裂隙区和贯通裂隙区三个区域，如图1.1所示。

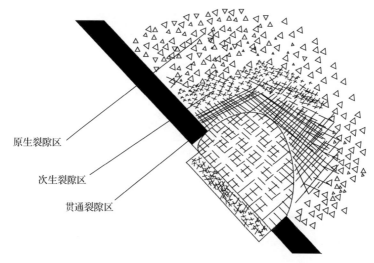

图1.1　急倾斜煤层工作面覆岩裂隙场分区示意图

石平五等[31-33]通过"跨层拱"模型对拱受力、极限跨长、形状变化进行研究分析，并且对模型结构变化过程中的滑落失稳、失稳及矿山压力对工作面的影响进行了分析，其结果同现场实测相对应，对急倾斜煤层短工作面的安全高效开采有着重要意义；他们通过对急倾斜煤层老顶破断运动复杂性的研究，对顶板破断及破断后的运动特点进行了初步总结，认为底板破坏和滑移，对"支架-围岩"系统不稳定性造成了显著影响；他们对较薄急倾斜近距厚煤层水平分段轻型支架放顶煤采煤方法进行了科学的解释，认为此采煤方法对避免急倾斜近距煤层开采的相互影响具有显著效果，同时此采煤方法能够提高生产能力及采出率，能够适应联合开采的围岩破坏和矿压显现规律。此外，他们对工作面安全生产体系提出了完善性的建议。

石平五等[34]对急倾斜特厚煤层水平分段放顶煤开采围岩破坏规律进行了研究，提出开采过程中顶煤和围岩的破坏过程大致可分为顶煤放出区、沿底座滑区、顶板离层破坏区和煤岩滞后垮落区四个区域；通过建立急倾斜老顶狭长板模型，对其变形破坏特征及主要影响因素进行分析，得出急倾斜特厚煤层开采破坏主要向煤层上方发展，地表则呈串珠状塌陷坑，在老顶的上方地质破坏不显著，如图1.2所示。

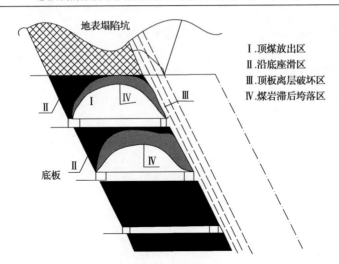

图 1.2　急倾斜特厚煤层水平分段放顶煤工作面顶煤与围岩的破坏过程分区示意图

张伟等[35]以急倾斜煤层综采放顶煤开采为工程背景，对急倾斜煤层工作面顶部煤岩的结构动力学破坏进行研究，认为破坏工作面顶板"底部拱角"，可以使拱状结构稳定性破坏，实现工作面顶板的正常垮落。

黄庆享等[36-38]通过实际测量，总结出急倾斜临界角煤层回采巷道沿空留巷的变形情况、破坏情况的基本特征和规律；预测预报了急倾斜放顶煤工作面的来压现象，对来压过程中的规律及特征进行了分析；通过对急倾斜特厚煤层大放高工作面矿压显现及顶煤运动规律的研究，充分地阐述了开采过程中的工作面矿压显现特征、顶煤运动的规律。

贾后省等[39]研究了浅埋深薄基岩采煤工作面的上覆岩层纵向贯通裂隙的发育规律，认为纵向贯通裂隙的张开始于周期来压来临之前，随工作面持续推进，此裂隙会由于水平力、岩块错位量的动态变化进而发生动态扩展，当扩展至最大限度时，纵向贯通的裂隙在关键岩块的切落情况下会发生迅速闭合，并随下次周期来压显现，之后出现该纵向贯通裂隙的进一步压实，以及下一条纵向贯通裂隙的出现。

来兴平等[40]分别采取理论分析、数值计算及现场探测的方法，对水平分段开采条件下的覆岩类椭球体结构的形成过程与局部化动态的演化规律进行了深入研究。结果表明，急倾斜特厚煤层水平分段综放工作面覆岩垂向变形演化非对称趋势较为显著，顶煤与上覆残留煤矸复合形成非对称"拱结构"，并随时间的推移演化成为典型的倾斜椭球体结构，拱角与拱顶的煤岩滑落失稳，会使工作面局部压力畸变，诱发动力学灾害的出现。

伍永平等通过构建大型立体地球物理模拟装置并结合"声-光-电"物理力学指标信息测试系统，完成了对动态加载条件下的顶煤与覆岩内部损伤变形、表面位移变化特征等分析，为急倾斜厚煤层综放工作面的开采与矿井灾害预测防控奠定了基础[41,42]。

上述研究成果均从不同的角度得出了急倾斜煤层开采后，工作面覆岩、围岩、煤体的破坏区分布及分区，裂隙场的发育和演化规律，不同开采条件的围岩裂隙场的时空演化规律，围岩裂隙场的分形维数理论演化规律等。本书将在此基础上对急倾斜煤层分段开采条件下的工作面围岩裂隙场演化及瓦斯运移规律、抽采关键技术等进行深入研究。

1.2.1.2 急倾斜煤层工作面围岩裂隙场分布规律的实验研究

相似模拟实验是科学实验的一种，是人们研究地压规律的途径之一。用与天然岩石物理力学性质相似的人工合成材料，按矿山原型，遵循实测地质制作缩小的模型，在模型内模拟开挖、开采过程，实际开采中可根据此模型的模拟开采进行推演。相似模拟实验可直观地展现急倾斜煤层开采后裂隙场的演化现象。

李树刚等[43]对覆岩关键层运动引起的离层裂隙变化形态进行了相似模拟实验，其结果表明，覆岩关键层与其上覆及下伏岩层间的变形不协调将会形成岩层移动中的离层裂隙，主关键层与亚关键层、亚关键层与亚关键层的破断形成砌体梁结构后，在上覆岩层中会产生非连续变形的离层，且离层区主要发生在开采四周边界。在开采过程中，离层裂隙的时空发展具有明显的三阶段特征：①切眼及回采面附近覆岩离层裂隙发育；②采空区中部离层裂隙被较大的垮落带和规则移动带重新压实；③离层裂隙带的发生与发展基本上受制于覆岩关键层层位及其形成的砌体梁结构的变形破断和失稳形态。

黄庆享等[44]采用相似模拟实验，对急倾斜厚煤层长壁综放面周期垮落步距和来压强度、直接顶初次垮落步距、基顶初次垮落步距等规律进行了模拟，研究了特定矿区综放面矿压显现的特征，同时为支架的选型提供了科学的参考。

华明国等[45]对薄基岩地区厚风积沙煤层采动过程中的裂隙发育特征进行了相似模拟实验研究，得到了开采过程中上覆岩层的垮落破坏特征及运移规律，以及岩层内部的压力分布规律。他认为工作面的上覆岩层下沉趋势呈非线性曲线，移动形态具有非对称性。

李树刚等[46]采用相似模拟实验及理论分析综合方法，研究了不同采高下采动裂隙的演化规律，结果表明，不同采高下采动裂隙的发育形态和演化规律相似，其演化及分布表现为抛物线状、马鞍状两阶段特征；随着采高的增加，裂隙发育高度也增大；底板应力集中系数的峰值随采高的增大而逐渐减小；底板应力集中系数的峰值距煤壁的距离随采高的加大而增大，如图 1.3 所示。

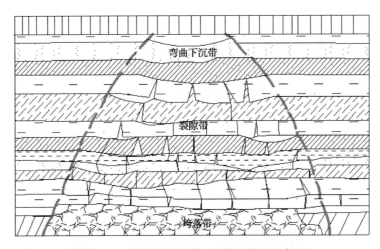

弯曲下沉带

裂隙带

垮落带

图 1.3　工作面覆岩垮落、裂隙场分布示意图

上述实验研究成果表明，采用相似模拟实验来分析急倾斜煤层分段开采的围岩破坏和裂隙场的发育特征是可行的，已经理清了急倾斜煤层覆岩垮落形态，以及对有第四纪覆盖层(戈壁土)的覆岩和顶煤过量垮落有了初步的分析。本书对覆岩裂隙场、工作面底煤裂隙场中瓦斯的运移、涌出规律及拦截抽采研究，主要根据李树刚教授的实验和研究成果[46]，对覆岩裂隙场的抛物线状、马鞍状两阶段进行延伸实验，对工作面底部煤体的应力分布和时空演化进行实验优化，主要优化内容包括增加开采区段、增加实时监测底板应力传感器、增加放顶煤开采高度、调整煤层倾角等。

1.2.1.3　急倾斜煤层工作面围岩裂隙场的数值模拟研究

数值模拟是利用高性能计算机，通过数值计算和图像显示的方法，对工程问题和物理问题进行理论推演，能够展示不同尺度模拟模型的物理规律[47]。

崔峰等[48]采用数值模拟方法对水平分段开采造成的持续性扰动作用进行了研究，揭示了分段开采后模型整体的塑性区、应力场和位移场的分布特征，分析了下分段巷道的围岩应力分布特点，得出了上分段开采对下分段的超前影响距离为 10~20m。

高建强[49]通过数值模拟研究，发现急倾斜煤层采空区上方会形成非对称冒落拱，其顶部的冒落是沿煤岩层法线方向；采空区覆岩的沉陷破坏会随着坚硬顶板的全部垮落而出现加重，同时增加了冒落裂隙带的高度。

李生舟[50]采用 FLAC^{3D} 数值模拟软件和 UDEC 数值模拟软件分别研究了煤层开采后覆岩的应力分布规律、塑性破坏形态和垮落形态，确定了裂隙圈的范围、采动裂隙矩形梯台的高度及断裂角等参数。

不仅限于上述研究，较多学者和工程技术人员都采用了数值模拟的方法对急倾斜煤层开采的顶板垮落、裂隙带发育进行了理论研究，以 FLAC^{3D} 数值模拟为主。在离散元三维建模的基础上，用 PFC^{3D} 数值模拟软件开展了基于围岩裂隙场的孔隙度模拟研究。

1.2.2　煤岩采动裂隙、应力与瓦斯流动耦合的研究现状

在急倾斜特厚煤层开采时，底部煤体解吸及运移瓦斯是工作面和采空区瓦斯的重要组成部分，底煤瓦斯的涌出强度受煤体的裂隙发育状态、应力环境和瓦斯在煤体中的渗流规律的影响。瓦斯通过覆岩裂隙、离层进行运移，瓦斯渗流在很大程度上取决于煤岩体裂隙场及应力场[51-53]。许多学者及研究机构在理论方面和数值模拟方面对煤岩采动裂隙变化、应力变化及瓦斯流动耦合进行了研究。

齐消寒[54]通过研究得出，受煤层采动影响后，瓦斯在煤岩层中的流动、运移主要以穿层破断裂隙及横向离层裂隙网络的贯通为通道，同时这些区域也成为瓦斯富集的空间。

高保彬[55]通过采集岩样，在实验室研究了准平面应变下应力(应变)-裂隙-透气性的变化规律，发现不同的实验样品存在岩性和内部原生层理结构的差异，加载过程中会出现渗透特性的不同；岩样中的气体流速存在突变点；岩样的脆延特性不同，透气性能变化过程差异明显。

李树刚等[56]在固体相似材料研究的基础上，利用流固耦合相似理论，得出适用于煤岩瓦斯气固耦合的相似条件，将新型相似材料应用于煤层开采模型实验，其结果表明，新型气固耦合相似材料在渗流速度方面比原始固相相似材料有大幅度下降，大幅度降低了气体在相似材料中的渗透速度；随着工

作面的推进，采空区应力分布呈现出三个区域，即卸压波动区、卸压增大区、卸压缓慢变化区，对应这三个区域，上覆岩层中气体渗流速度与周期来压之间呈现周期性开口向上的抛物线变化规律。

张东明等[57]采用渗流力学理论分析方法，对煤层采动裂隙、采动应力与瓦斯流动的耦合作用进行了研究。认为采动影响下裂隙煤岩体的渗透率与裂隙场相关参数的变化相关，其瓦斯流动与裂隙发育及贯通情况密切相关，瓦斯渗透率随裂隙宽度的增加而增大。基于裂隙煤岩体瓦斯渗流定律，通过建立模型对瓦斯流动与煤岩体采动裂隙、采动应力耦合机理进行揭示。

王维华[58]利用分形理论，发现渗透率与表征面积维值和条数维值服从非线性双变量傅里叶函数关系，为采动覆岩渗透特性表征与裂隙定量描述提供了一定的理论与实践基础。

林海飞等基于岩石力学、渗流力学、传质理论和弹塑性理论，推导出了裂隙椭圆抛物面区煤岩质量变形方程、混合气体渗流方程和气体扩散方程[59]。

王刚等[60,61]采用瓦斯渗透流量法对不同孔隙压力、不同压差条件的不同吸附特性的煤样测量渗透率，将其测量结果与数学模型产生的曲线进行对比，发现渗透率与瓦斯压力关系密切，不同吸附特性的煤受到瓦斯压力的影响不尽相同，煤样瓦斯渗透率的理论值与实验值的相对误差最大可达到8.62%。

翟成[62]建立了采动裂隙场与瓦斯流动场耦合模型，认为顶板覆岩裂隙区要经过卸压、失稳、起裂、张裂、萎缩、裂隙变小、裂隙吻合、裂隙封闭的演化过程；瓦斯储集是气体通过裂隙流动网络进入裂隙区后集聚、饱和、溢出、压出的过程。

孟磊[63]对两种不同含瓦斯煤样气固耦合作用下的渗流变化、吸附膨胀变化及力学破坏特征开展了不同气体、不同孔隙压力、不同围压下破坏过程的气体渗流试验，认为瓦斯气体首先进入裂隙渗流通道，在煤基质形成压力差，即瓦斯在煤体中的流场。

黄伟[64]描述了煤层开挖引起的围岩变形与瓦斯运移耦合系统的时变边界过程。通过建立岩层(煤层)变形-瓦斯运移耦合系统动力学模型对瓦斯运移耦合进行研究，认为煤岩渗透率峰值"滞后"于应力峰值，渗透率最大时存在于应力峰值后的软化段，与围压呈负相关。在破碎煤岩样渗透试验中发现渗透率与孔隙度的关系可用幂函数来拟合。

费玉祥等[65]运用多物理场耦合分析软件，将分子滑脱效应考虑到影响因素中，通过模拟方法对煤岩瓦斯气体运移特性进行了分析；研究了不同地应力和瓦斯压力对钻孔抽采瓦斯的影响，得出煤层渗透率和瓦斯运移的变化规律。

李文璞[66]通过 UDEC 和 COMSOL 两种数值模拟软件，对采动裂隙场及瓦斯运移规律进行了研究，认为煤体表面裂纹计盒维数与轴向应变呈指数关系。

孟筠青等基于克林伯格效应，通过 ABAQUS 软件的二次开发模拟煤气的流固耦合效应，获得了气体压力场和排气孔周围渗流场的动态变化规律[67]。

田富超等[68]针对围岩瓦斯运移及其应力的分布，建立了耦合模型，通过 FLAC[3D] 软件得到了上覆岩层应力场、位移场及瓦斯压力场的变化特征，导出了采动条件下的流固耦合本构方程，建立了覆岩应力分布和瓦斯运移的多物理场耦合模型。

刘黎等[69]建立了采动煤岩体瓦斯渗流-应力-损伤耦合模型，基于 FLAC[3D] 模拟要求设计出采动煤岩体瓦斯渗流-应力-损伤耦合计算程序，并在现场得到了效果验证，受采动影响的被保护层的透气性系数为原始透气性系数的 1760 倍，瓦斯压力由原来的 2.8MPa 降低到 0.6MPa。

上述内容主要是对煤岩裂隙、应力与瓦斯流动的相互作用机制和影响的研究，研究方法包括了实验室实验、理论分析、现场测定等。本书在此基础上，对采动煤岩裂隙场及其孔隙度、应力、瓦斯流动等因素的耦合影响进行研究。结合相关研究成果，应力场耦合模型数值模拟适用于煤岩移动过程中应力场或者裂隙场与瓦斯渗流的两相耦合动态分布研究，其在对裂隙的发育、拓展和演化研究方面存在显著优势。

1.2.3 煤层瓦斯运移规律的研究现状

现今煤层瓦斯流动理论，主要包括煤层瓦斯扩散理论、煤层瓦斯渗流理论、煤层瓦斯流固耦合理论、煤层瓦斯渗流-扩散理论[70-72]等。但随着研究的深入，许多学者认为煤层瓦斯渗流-扩散理论更加真实、全面地反映了瓦斯在煤层中的流动过程。

杨变霞[73]结合赵各庄矿井瓦斯监测数据，对现场收集的瓦斯涌出监测数据进行了统计分析，得到了急倾斜综采放顶煤工作面瓦斯涌出规律，采空区遗留煤块的瓦斯涌出强度随时间逐渐衰减的曲线都为指数函数。

张新战等[74]认为急倾斜煤层随采深增加，下部煤层的透气性变差；煤层孔隙度大小分布的不均匀，导致瓦斯浓度出现分区分块的变化差异。

王刚等[75]采用能量法研究了煤与瓦斯突出过程中瓦斯突出的动能、抛出时所做的功、破碎时所做的功，得出了煤与瓦斯突出所需的能量条件。

郭世杰等[76]针对大同矿区煤层综放开采过程中瓦斯异常涌出的问题，结合"O"形圈理论分析了采动裂隙场形态，研究了"U"形+走向高抽巷通风系统条件下的采动裂隙场演化规律。

王刚等[77]研制出一套试验系统，可在地应力、瓦斯压力及煤体结构等综合因素下模拟石门揭煤突出，其结果可反映在突出过程中地应力和瓦斯压力的变化，可为研究瓦斯压力的变化规律提供新的技术手段。

王少锋等[78]在构建采场覆岩下沉连续曲面数学模型的基础上，理论推导出采空区及上覆岩层三维空隙场的分布模型，并通过实际算例验证了模型的适用性。

程国强等[79]利用 FORTRAN 语言及虚粒子法处理边界条件，构建了无网格性质的光滑粒子流体动力学(smoothed particle hydrodynamics，SPH)瓦斯渗流模型，进行了不同原始瓦斯压力和恒定透气性系数条件下的结果误差分析；考虑了透气性系数受矿山压力及 Weibull 分布的影响，分析了非均质煤层中瓦斯压力及涌出量的变化规律。

罗新荣[80]针对吸附相瓦斯、孔隙压力、地应力对煤层中瓦斯运移的变化采用了物理模拟试验进行研究，结果表明，气相瓦斯对煤层瓦斯的运移占主要地位；吸附相瓦斯对煤层瓦斯的运移占次要地位；煤层在对瓦斯进行吸附后，渗透率对应力变化更为敏感。

马鹏[81]采取相似模拟实验结合数值模拟的方法，研究了急倾斜煤层综放开采中瓦斯运移的规律，结果表明，放顶煤过程中由于瓦斯密度小加之通风时的空气流动，会有大量瓦斯向工作面中上部及回风侧运移，在顶板冒落阶段瓦斯浓度从工作面上部到顶板冒落处都呈现梯度式降低的变化规律。

李鹏[82]在考虑 Klinkenberg 效应和瓦斯吸附-解吸-扩散过程的基础上，对抽采钻孔周围含瓦斯煤体的非线性瓦斯渗流建立了控制方程，并通过对其模拟的结果与现场实测残余瓦斯浓度相比较，完成了对瓦斯煤体非线性瓦斯渗流控制方程的验证。

在上述研究的基础上，本书基于急倾斜煤层分段开采条件下的围岩裂隙场、底部煤体自卸压裂隙带，假设煤层的原始瓦斯压力为一定值时，研究采动应力对瓦斯解吸、渗流、运移的规律。

2 急倾斜煤层开采方式及存在的问题

2.1 急倾斜煤层开采现状

2.1.1 国外急倾斜煤层开采现状

在急倾斜煤层开采研究方面，走在最前沿的是俄罗斯[83]。该国基于缓倾斜煤层开采，并结合急倾斜煤层赋存条件的特点，做了一系列的研究，并取得了较好的研究成果。其研发了适用于急倾斜煤层开采的采煤机、液压支架，尤其是煤层倾角大于 45°以上的回采工艺及其围岩控制技术，为后续急倾斜煤层开采的研究奠定了基础[84]。随后，国外主要产煤国家陆续对急倾斜煤层开采方法展开了研究与试验。

德国开发了急倾斜煤层的液压支架，该支架具有急倾斜工作面设备的防滑功能，应用于急倾斜煤层开采的效果较好[85]。

在法国东部的沃思特矿井，采用水砂充填技术，即利用专用的采煤机与导向系统，将回采工作面布置为水平，由下向上开采，工效达到正常水平，但单产较低[86]。

印度东北地区的矿井，基于其特定的地质条件，同样研发了不同的采煤方法，如柔性掩护支架采煤法、巷柱充填采煤法、掩护支架采煤法等均可用于极大倾角或急倾斜煤层的开采[87]。

乌克兰研究人员设计了急倾斜煤层采煤机及其支护设备，并应用于 50 余个综采工作面。目前该国在急倾斜薄煤层开采方面，采用的是 AHII 型设备。该设备主要是沿着倾向推进，将支架与运输组成一个整体，有效确保顶板控制、煤炭开采和运输功能，实现了自动化开采。但由于是急倾斜煤层，煤层倾角较大，该设备沿倾向推进时，具有许多不利的问题，如掘进量大，工作面长度短，移动数高，生产效率不高，支架设计不符合实际，移架时碎石窜入工作面等[88]。

总体来看，国外急倾斜煤层开采主要限于中厚煤层，时间集中在 20世纪 80 年代以前。进入 21 世纪后，随着经济能力的提升，各国对煤炭资源的依赖程度降低。一些国家只开采了一些地质条件相对简单的煤层，而另一些国家已经关闭了所有的煤矿，如英国、法国和日本。

2.1.2 国内急倾斜煤层开采现状

国内关于急倾斜煤层开采方法的研究可总结为以下五个发展阶段。

第一发展阶段：20 世纪 50 年代初，国内一线技术研究人员第一次改革了采煤方法。根据不同的地质条件，采用不同的方法，包括倒台阶、水平分层、长壁和俯斜、风镐落煤等，与之前相比，它不仅提高了煤矿企业的生产能力，降低了工人的劳动强度，改善了工作环境，而且也首次改变了急倾斜煤层的技术经济前景[89]。

第二发展阶段：20 世纪 60 年代开始，急倾斜煤层主要是采用电钻打眼爆破落煤法，替代了风镐落煤方式。为使掩护支架的应用范围增大，先后在淮南等矿区成功运用"八"字形、"＜"字形等掩护支架。与平板相比，取得良好的经济效益。同时，逐步采用金属支柱和金属铰接顶梁，对急倾斜工作面的回采工艺进行了改进，也取得了较好的技术经济效果[90]。

第三发展阶段：20 世纪 70 年代中期，以伪斜柔性掩护支架采煤法为主，以淮南矿区为典型案例。该方法具有产量好、工艺简单、掘进量小、安全高效等优点，目前仍有矿区在使用。为提高该条件下的机械化程度，鸡西、攀枝花、淮南等矿区已对滚筒采煤机、冲击犁和沟渠进行了试验。此外，在其他矿区也进行了类似的试验，但成功率并不高，无法大面积推广[91]。

第四发展阶段：20 世纪 80 年代末至 90 年代初，急倾斜煤层的开采方法进一步发展。工作面的长度、单产和安全生产条件都得到进一步改善。例如，在四川芙蓉矿务局(现四川芙蓉集团实业有限责任公司)巡田煤矿试验成功的俯冲、倾斜、长壁水平分段采煤方法，属于一种短壁采煤法，具有生产量大、通风条件良好、顶板管理方便等特点[92-95]。

第五发展阶段：20 世纪 90 年代中期至今，进入了急倾斜中厚、厚、特厚煤层综合机械化开采推广普及阶段。在"七五"期间，沈阳矿务局责任有限公司红菱煤矿和煤科学研究院开发的综合机械化开采设备在 35°～55°煤层大倾角条件下进行了工业试验，填补了国内急倾斜煤层综采放顶煤采煤法研究的空白。2006 年 7 月，神新公司苇湖梁煤矿(煤层厚 39m，平均倾角 63°)，实现了急倾斜特厚煤层综放安全开采；2008 年，四川省煤炭产业集团有限责任公司研发出具有自主知识产权的急倾斜综合机械化开采的"三机"装备，并在四川省煤炭产业集团-华蓥山广能公司绿水洞煤矿平均倾角 50°的工作面开采，获得了成功，实现了急倾斜中厚煤层综合机械化开采[96]。至今，绿水洞煤矿已开采了 5 个急倾斜中厚煤层综采工作面；2008 年，淮南矿业(集团)有限责任公司李嘴孜和潘北矿试验成功了急倾斜厚煤层综合机械化开采技术，最高月产量达到 102319t，最高日产量达到 4955t；2014 年，四川省煤炭产业集团有限责任公司花山矿试验成功了急倾斜厚煤层一次采全高综合机械化开采。

2.2　急倾斜煤层采煤方法

急倾斜煤层的采煤方法有很多种，主要有水平分段综采放顶煤采煤法、台阶式采煤法、柔性掩护支架采煤法、巷道放顶煤采煤法、急倾斜综合机械化采煤法等，本节对急倾斜煤层采煤方法进行阐述。

2.2.1　急倾斜薄煤层采煤方法

在我国，薄煤层占煤层总储量的 20%左右，通常认为厚度小于 1.3m 的煤层为薄煤层，厚度小于 0.8m 的煤层为极薄煤层。

截至目前，对于大倾角或急倾斜煤层开采，国内诸多行业专家做了深入的研究，如伍永平等[97]、解盘石等[98]、王金安等[99]、潘瑞凯等[100]对大倾角覆岩运移规律、开采方法、支架与围岩控制规律等多个方面进行了较为深层次的研究，取得了较多的成果。然而，就急倾斜薄煤层而言，因为资源的限制条件，相关研究不多。曹树刚先对急倾斜结构进行了力学模型分析，然后在俯伪斜开采的基础上，建立了相应的急倾斜开采模型，通过 3DEC 数值模拟分析，为急倾斜薄煤层的开采创造了基础。之前采用的创煤机综采、滚煤机综采都无法适应急倾斜薄煤层的地质条件，导致巷道开挖量大，搬家次数较多，效率不高，再加上急倾斜薄煤层煤矿开采条件复杂，煤层顶底板条件差，煤层夹矸，小断层多，因此，这些方法未能进行大范围推广。

按回采工作面布置及推进方向的不同，急倾斜薄煤层采煤方法可分为走向长壁综合机械化开采和倾斜长壁综合机械化开采。当煤层倾角小于 12°时，后者可以用于缓斜薄及中厚煤层，且应用效果很好。20 世纪 90 年代，乌克兰将倾斜长壁综合机械化开采应用于急倾斜中厚煤层，长约 50m 的短壁工作面水平布置，沿煤层倾斜向下推进，2～3 个短壁台阶同时生产。2000 年以后，我国攀枝花矿区太平煤矿引进了倾斜长壁综合机械化开采设备，月产仅 3000～

5000t，另外，由于掘进倾斜巷道的工程量大，施工难度大，故未继续应用。而采用走向长壁综合机械化采煤方法，不仅能实现高效生产，还能保证工人安全。此外，走向长壁工作面可以有真倾斜、仰伪斜与俯伪斜布置方式。

2.2.2　急倾斜中厚煤层采煤方法

近年来，针对急倾斜中厚煤层的开采，通常采用斜条带倒台阶走向多短壁采煤法斜坡采煤法、水平分段结合大孔钻爆破采煤法等采煤工艺。

2.2.2.1　斜条带倒台阶走向多短壁采煤法

该采煤法适用于倾角大于 45°，顶板中等稳定至稳定的中厚煤层。将采煤区域划分为若干区段(图 2.1)。区段的斜长取决于开凿斜坡的能力，一般在 40～50m。区段的走向长度取决于老顶的稳定性。区段准备期间先开掘主斜坡，将区段划分为更小的块段，主斜坡间的距离取决于直接顶的稳定性。由于煤层倾角大，为开掘分斜坡眼创造了条件，这组斜坡可以沿底板按伪倾斜掘进，然后在第一条主斜坡眼上往区段边界方向以倾斜方向分别开掘平行的分斜坡眼，两分斜坡眼的倾斜间距取决于分斜坡眼的钻眼爆破能力。分斜坡眼的数量也是两条主斜坡之间回采巷道的数量。分斜坡眼和主斜坡采出的煤自溜至运输大巷。每条主斜坡的采煤工作分成以下两个阶段。

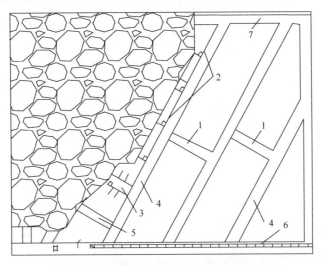

图 2.1　斜条带倒台阶走向多短壁采煤法

1.联络巷道；2.已开采的伪斜上山；3.在开采的伪斜上山；4.采区的主要上山；
5.准开采的伪斜上山；6.运输平巷；7.回风平巷

　　第一阶段：分斜坡眼采煤工作自上而下分别进行，采用钻眼爆破落煤，上分斜坡眼采完后才到下分斜坡眼开采，直到两条主斜坡之间的分斜坡眼采完。

　　第二阶段：主斜坡开采从通风大巷往下分段钻眼爆破，每分段的长度就是两分斜坡眼的间距。

　　全区段采出的煤在分斜坡眼地面上自溜装入在运输大巷设置的输送机内并运至外面。

　　短壁采煤法在越南矿井应用广泛，因为其采煤系统简单，初期投资低且带来的经济效益高。此外，该采煤法适用于地质构造复杂且采用其他采煤工艺效率低下的矿井。该采煤工艺的本质是安全，因为回采空间中设置无人。

2.2.2.2　水平分段结合大孔钻爆破采煤法

　　水平分段采煤法在厚度 3～8m，倾角大于 45°，顶板较稳定至稳定的煤层取得了很好的开采效果。

　　如图 2.2 所示，开采区域按倾向方向划分为若干区段，每个区段继续划分成若干分层。每区段的开采进行如下。

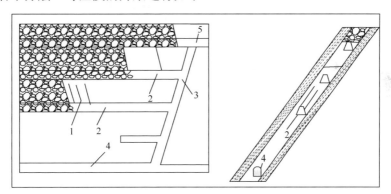

图 2.2　水平分段结合大孔钻爆破采煤法
1.大孔钻眼；2.分段平巷；3.运输上山；4.运输平巷；5.回风平巷

　　每区段先开掘区段平巷，在区段的整个长度，各平巷一直沿下盘围岩掘进。各区段平巷间距取决于各区段的钻眼爆破落煤密度。区段运输平巷和回风平巷的掘进使用大孔电钻。区段工作面采煤时从回采平巷开始掘进，采用钻眼爆破落煤。采出的煤自溜到工作面底部并运输上山，然后装入下部输送机并运到外面。

采区通风系统按照矿井的统一通风布置。采区准备和采煤期间，各区段准备平巷通过大孔电钻开掘通风通道。开采过程中的通风工作按照整个矿井的共同通风系统布置。

2.2.3　急倾斜厚煤层及特厚煤层采煤方法

2.2.3.1　急倾斜煤层台阶式采煤法

急倾斜煤层台阶式采煤法分为倒台阶采煤法和斜台阶采煤法。倒台阶采煤法的主要特点是采煤工作面呈台阶状布置，采用风镐落煤，巷道布置如图2.3所示。采区内一般沿倾向布置2~3区段，工作面长度40~50m，台阶长度按一台风镐的工作量而定，一般为10~20m，最下台阶长度比其他台阶短，一般为5~7m，以保证工作面下出口畅通。阶檐宽度根据采空区处理方法、支柱排距等因素而定，最下台阶的阶檐宽度应适当加大。采区准备与典型的走向长壁采煤法基本相同。

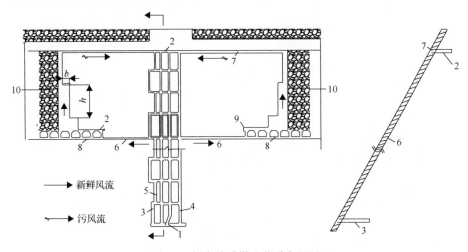

图 2.3　倒台阶采煤法巷道布置图

1.运输石门；2.回风石门；3.溜煤眼；4.运料巷；5.行人巷；6.运输平巷；
7.回风平巷；8.溜煤小眼；9.超前顺槽；10.开切眼；b.阶檐宽度；h.台阶面长度

斜台阶采煤法是为了弥补台阶采煤法坑木消耗大的缺点而产生的，工作面采用金属摩擦支柱和铰接顶梁组成的走向棚支护。其短壁面的长度有所增加，伪斜小巷的长度有所减少。工作面布置如图 2.4 所示，整个工作面呈伪斜的正台阶状。它由短壁工作面和伪斜小巷组成，短壁工作面倾斜长 7～8m，回采就在短壁工作面内进行，各短壁工作面沿煤层走向、斜巷留设方向同步推进。上短壁面沿煤层走向超前下短壁面 12～15m，其间由回采过程中留设的伪斜小巷连通。

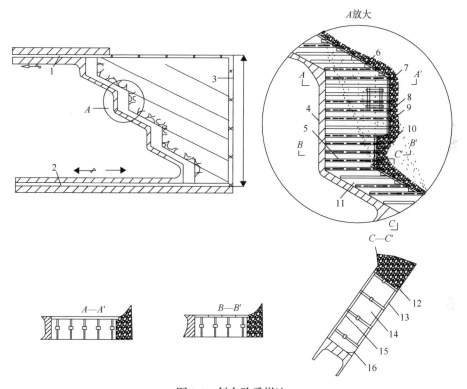

图 2.4 斜台阶采煤法

1.回风巷；2.运输巷；3.开切眼；4.新煤壁；5.原煤壁(虚线)；6.加强支柱；7.木垛；8.切顶线；
9.挡矸帘；10.新切顶线；11.斜巷；12.假顶；13.下撑棍；14.人行道；15.拉杆；16.溜槽

2.2.3.2 伪倾斜柔性掩护支架采煤法

图 2.5 中的回采巷道属于伪倾斜柔性掩护支架采煤法典型的采区巷道布置方式，采区可单翼布置也可双翼布置，一般采用双翼布置。回采工作面沿煤层伪斜布置，沿走向后退式回采。

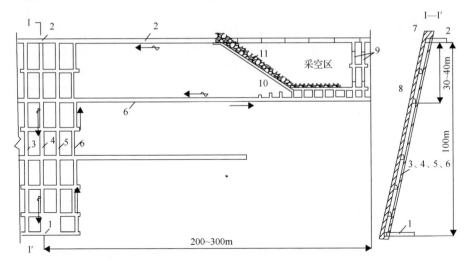

图 2.5 伪倾斜柔性掩护支架采煤法的典型采区巷道布置

1.采区运输石门；2.采区回风石门；3.运料眼；4.溜煤眼；5.行人眼；6.区段运输巷；
7.区段回风巷；8.溜煤小眼；9.开切眼；10.工作面；11.小眼临时密闭

当煤层起伏波动倾角变化较大，煤层赋存较复杂时，可以采用斜坡短臂的巷道布置方式，如图 2.6 所示。

2.2.3.3 巷道放顶煤采煤法

巷道放顶煤采煤法的系统巷道布置如图 2.7 所示。在采区内沿不同标高将急倾斜煤层分成若干区段，区段底部沿煤层走向布置一条放煤巷道，巷道两端分别与进风斜坡和回风斜坡相连，以沿空护巷方式维护，全负压通风，双安全出口。回采巷道系统包括放煤巷道与放煤小眼。放煤巷道沿着煤层顶板布置，放煤小眼布置于放煤巷道的下帮，在放煤巷道的一侧每隔一定距离向煤层中掘放煤小眼，放煤巷道布置方式如图 2.8 所示。

2.2.3.4 巷柱式放顶煤采煤法

巷柱式放顶煤采煤法的回采巷道主要包括阶段运输平巷和回风平巷。根据回采巷道的作用及布置的基本要求，除考虑放顶煤开采的技术要求外，还要综合考虑掘进、维护、安全施工、通风及运输等因素，其回采巷道的布置有以下三种方式：两巷垂直布置、两巷水平布置、三巷混合布置，如图 2.9 所示。

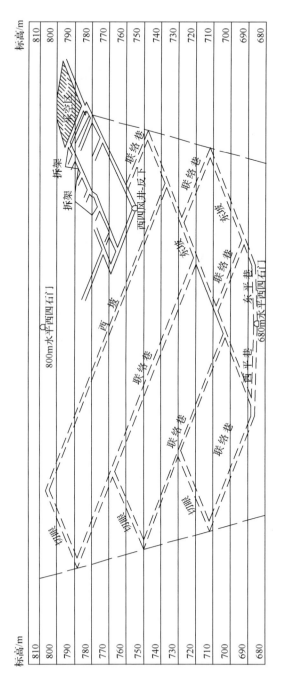

图 2.6　斜坡短臂的巷道布置方式

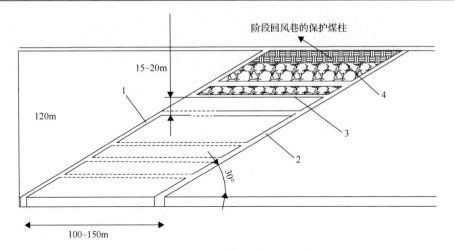

图 2.7　巷道放顶煤采煤法的系统巷道布置
1.进风巷；2.回风巷；3.放煤巷道；4.采空区

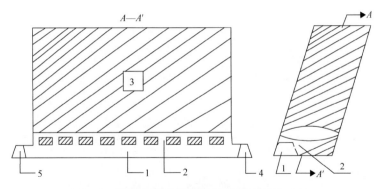

图 2.8　巷道放顶煤采煤法的放煤巷道布置方式
1.放煤巷道；2.放煤小眼；3.顶煤；4.进风巷；5.回风巷

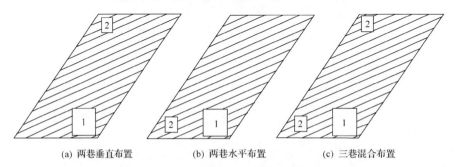

(a) 两巷垂直布置　　　(b) 两巷水平布置　　　(c) 三巷混合布置

图 2.9　巷柱式放顶煤采煤法回采巷道的布置图
1.运输平巷；2.回风平巷

2.2.3.5　水平分段放顶煤采煤法

对于急倾斜特厚煤层，多采用水平分段放顶煤采煤法开采，巷道布置如图 2.10 所示。将煤层沿水平方向分成若干分段，每个分段的高度一般为 6～15m，在分段底板岩石中布置放顶煤工作面的回风巷和放顶煤工作面的运输巷。如果煤自燃严重，在分段煤层底板岩石中布置工作面灌浆巷，以便回采后及时通过钻孔向采空区灌浆。为了运送回采设备，在底板岩石中开掘一条伪倾斜轨道上山，通往各分段巷道。

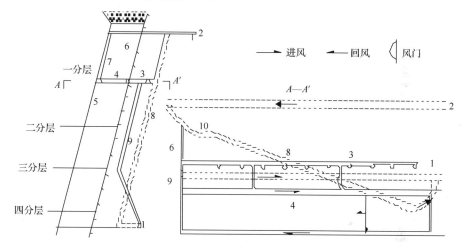

图 2.10　水平分段放顶煤采煤法巷道布置

1.运输大巷；2.回风大巷；3.分层灌浆巷；4.分段运输巷；5.分层回风巷；6.回风石门；
7.回风眼；8.辅助岩石上山；9.溜煤眼；10.绞车房

2.2.3.6　钢丝绳锯采煤法

钢丝绳锯采煤法的巷道布置如图 2.11 所示，区段上部开掘区段回风平巷，区段下部开掘区段运输平巷，两平巷分别掘有辅助平巷，用于安装绞车等设备。运输平巷与其辅助平巷间留有 4～5m 煤柱，其间每隔 5m 左右用溜煤眼连通。当回采工作面推进到某个溜煤眼前时，应将溜煤上端扩成漏斗形以便使工作面锯落的煤炭能顺利溜入运输平巷装车或用输送机外运。

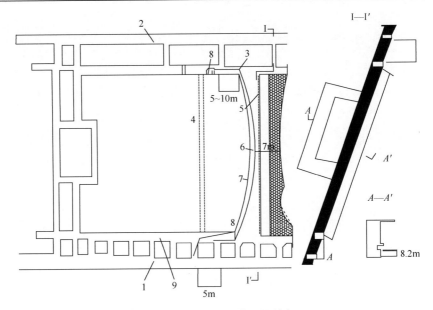

图 2.11　钢丝绳锯采煤法巷道布置

1.运输平巷；2.回风平巷；3.导向滑轮；4.开切眼；5.牵引绳；6.锯绳；7.锯刀；8.绞车；9.辅助平巷

2.2.3.7　综合机械化采煤法

综合机械化采煤法不仅产量大、效率高、成本低，而且能减轻职工的体力劳动，改善作业环境，确保安全生产。综合机械化采煤法的工作面巷道布置与倾斜煤层综采类似，工作面沿倾向布置、沿走向推进。为了提高工作面综采设备的防滑效果，回采工作面常按 6°～10°伪斜布置，这样既可防止设备下滑，又可防止采空区涌水流向工作面，降低底板的摩擦系数。

2.3　水平分段综采放顶煤采煤法

2.3.1　水平分段综采放顶煤采煤法简介

水平分段综采放顶煤采煤法，适合于急倾斜特厚稳定煤层开采，巷道布置方式是，将阶段沿走向划分为垂高 20～30m 的区段，在区段的底部同一标高上，沿煤层顶板布置运输巷，沿煤层底板布置回风巷，两巷走向端头水平布置开切眼(图 2.12)。采用水平分段综采放顶煤采煤法时，开采高度为 3.5～4.5m，最大放顶煤高度达 15～20m，为了提高工作面单产和降低万吨掘进率，水平分段的高度有增大的趋势，煤炭回采率达 80%～85%。目前，新疆乌鲁木齐矿区急倾斜煤层条件较好，适合水平分段综采放顶煤采煤法。

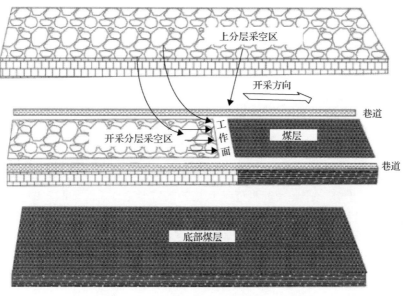

图 2.12　水平分段综采放顶煤采煤法示意图

2.3.2　水平分段综采放顶煤采煤法的特点

2.3.2.1　整体结构稳定

水平分段综采放顶煤采煤法的应用地点不是在直接顶和基本顶之下，而是在上一分段遗留的残煤及冒落的矸石区域。从急倾斜特厚煤层的顶板结构来看，与传统的煤层开采相比，在该方法开采时更易于在工作面的顶板上形成稳定的结构。当发生顶板岩块滑落现象时，急倾斜特厚煤层水平分段的综采工作面更利于控制岩块滑落产生的失稳问题，进而减轻岩块滑落失稳对煤层开采造成的冲击。

2.3.2.2　回采率提高

作业空间的大小，直接影响顶煤放下至运输机的效率，也会影响煤炭开采的回采率。水平分段综采放顶煤采煤法，不再留设阶段煤柱，因此煤资源得到充分回收。其回采率提高的原因分为以下几点：第一，该方法有完善的回采工艺流程做基础。有关水平分段综采放顶煤采煤法的回采工艺的主要流程为打眼→装药→联线→爆破→清煤→移托梁→放顶煤→移梁→移溜。第二，设置了严格的采放比。第三，该方法通过在工作面上出口向下多轮、顺序等量放顶煤，依据煤层水平分层的厚度，提升顶煤放出量，以确保顶板在开采过程中实现均匀的下沉。第四，支架的支撑力高，能有效地破坏顶部煤体，增加顶煤的放出率，提高回采率。

2.3.2.3　提升采煤工艺安全系数，降低采煤职工劳动强度

由于采用了液压支架支护顶板的管理措施，提升了支架的支护强度，不仅能够实现顶板的有效控制，而且对煤层开采的安全生产与管理也提供了较好的保障。与此同时，由于急倾斜特厚煤层水平分段开采时具有较大的落垛工作面，对于整个作业空间也能起到较好的降尘效果，对于职工的整个作业环境也得到了良好的改善效果。

该方法对于职工劳动强度的降低主要表现在以下几方面：首先，劳动组织方面采用一职多能的方式，实现劳动强度的降低；其次，应用该方法采煤生产，促进了职工劳动强度的降低；再次，除爆破落煤和部分人工装煤，移溜、移架、放顶煤等都采用了整体顶梁组合悬移液压支架和刮板输送机，降低了职工采煤的劳动强度。

2.3.2.4　提升地下资源利用率

相比于柔性掩护支架(地沟)、落垛开采工艺，急倾斜特厚煤层水平分段开采的支架不再简单地应对直接顶与基本顶形成的负载，而是主要应对支撑顶煤的重量、采空区上分层残留顶煤的重量和冒落矸石的重量，在提高地下资源的利用率方面具有较大的优势。根据工作面设备及顶煤的破碎与松散程度，通过合理设置放煤步距，减少围岩混入量，以提升顶煤在开采中的回采率，可取得显著的经济效益、社会效益，为急倾斜特厚煤层安全生产奠定了基础。

2.4　急倾斜煤层开采存在的问题

开采过程中面临的问题主要包括煤炭的回采率较低、巷道掘进面临较大的工程量、工人劳动强度较大、通风难度大等。受到开采条件的限制，在开

采急倾斜煤层时无法有效隔离开采区和采场，大幅度降低了煤炭的回采率，同时老空区岩石容易混入煤炭，降低煤质，不但恶化了开采工作条件，而且极易浪费煤炭资源。

(1)急倾斜煤层赋存结构复杂，往往含有数量众多的断层与褶曲，因此其煤层厚度变化往往较大，这使得开采急倾斜煤层的难度进一步增加。在对急倾斜煤层进行回采作业时，整体回采作业效率和回采率均较低。

(2)受急倾斜煤层大赋存倾角的影响，煤层回采后往往容易自动下滑。这虽然在一定程度上简化了作业面的装运工作，但也带来了诸多不确定的安全隐患，特别是伴随煤块一起落下的矸石，不仅容易对作业人员的安全构成威胁，还会对支架造成冲击，诱发倒架事故。

(3)急倾斜煤层作业面的支护难度较大，而且煤层顶板压力直接作用于液压支架上的径向力较小，同时其沿倾向方向的分力较大，回采作业中顶底板在力的作用下滑动垮落，进而导致支架受力发生扭曲，引起支架失稳下滑。

2.5　急倾斜煤层水平分段开采瓦斯涌出存在的问题

通过对急倾斜煤层开采裂隙场演化、瓦斯运移、瓦斯涌出量预测等研究，得出急倾斜煤层水平分段开采主要存在以下三方面的问题。

(1)覆岩裂隙场的分布和演化规律对于瓦斯运移、瓦斯抽采具有重要的作用，目前的研究多集中于采用长壁式开采的急倾斜工作面，针对水平分段开采条件下的覆岩裂隙场的相关研究较少。

(2)由于水平分段开采的特殊性，其工作面的瓦斯运移规律与缓倾斜、长壁式开采工作面有极大的差别，采空区三维空间上的瓦斯运移规律不明确，未能给瓦斯抽采参数设计提供具体的依据，严重影响了抽采效果。

(3)急倾斜煤层水平分段开采工作面的底部为实体煤，底部煤体的瓦斯会在采动卸压的影响下快速、大量地涌向采空区和工作面生产空间。这部分瓦斯涌出量所占的比例和涌出强度尚不明确，导致瓦斯分源治理时存在较大的盲目性。

上述问题的存在，导致在急倾斜煤层水平分段开采过程中瓦斯灾害成为威胁工作面和矿井安全生产的重大因素。而裂隙场演化、瓦斯运移、瓦斯涌出规律定量研究的匮乏，导致现场灾害防治过程中缺乏具体依据，相关参数多为凭经验选取，进一步加重了灾害防治的难度。针对这些问题，本书采用相似模拟实验、数值模拟、理论分析和现场测定与验证等多种研究手段，揭示急倾斜煤层水平分段开采工作面的围岩破坏及裂隙场的分布特征，分析裂隙场对围岩瓦斯的运移影响，揭示工作面底部煤体瓦斯渗流规律，建立适合急倾斜煤层水平分段开采的工作面瓦斯涌出量预测方法，优化急倾斜煤层水平分段开采瓦斯抽采关键技术。

3 急倾斜煤层分段开采的相似模拟实验

急倾斜煤层分段开采具有相对产量大、机械化程度高、生产效率高等优点，但是受煤岩层赋存条件的影响，顶煤、顶板压力对支架或煤柱的作用机制有所不同，围岩的破坏形式、工作面的动力灾害类型、矿压显现现象、瓦斯涌出规律、煤的自燃规律等都表现出与走向长壁开采工作面有较大的差异。而影响上述灾害的重要因素是覆岩裂隙的演化，为更好地对瓦斯等灾害进行控制与防治，首先要对其覆岩裂隙演化规律进行研究。采用相似模拟实验的方法研究工作面在开采过程中上覆岩层的垮落、围岩的运动破坏及裂隙的演变规律，避免数值方程求解所带来的不便性[112-115]。实验所用的相似材料的物理及化学性质稳定，变性参数和水理参数易于调节，能够对煤矿各地质分层的力学性质进行较好的模拟[116,117]。

本章采用相似模拟实验的方法，参考乌东煤矿煤岩层赋存情况与开采方式、采煤方法，构建急倾斜煤层水平分段开采模型，通过对工作面底板应力的实时监测，以及对围岩位移的全面监测与分析，研究工作面顶板、顶煤的破坏和运移规律，以及工作面底板、底煤的应力演变及裂隙演化规律，为工作面围岩裂隙场的研究及瓦斯运移规律的研究奠定基础[118-122]。

3.1 相似模拟实验模型的建立

3.1.1 工作面概况

乌东煤矿地表标高+739.2～+934.0m，主要开采 45#煤层和 43#煤层，煤层倾角 45°，煤层柱状图如图 3.1 所示。煤层概况如下。

(1)45#煤层。煤层平均厚度 27.10m，伪顶为厚度 0.5～1.5m 的碳质泥岩层，直接顶为厚度 3～5m 的粉砂岩层，老顶为稳定的粉砂岩层，直接底为碳质泥岩层及泥质粉砂岩层，老底为稳定的粉砂岩层。

(2)43#煤层。煤层平均厚度 19.43m，伪顶为厚度 0.2～1m 的碳质泥岩层，直接顶为厚度 10m 的粉砂岩层，老顶为稳定的粉砂岩层，直接底为厚度 2.5～3m 的粉砂岩层及碳质泥岩层，老底为稳定的粉砂岩层。

柱状	厚度/m	岩性	岩性描述
	4.10	细粒砂岩	灰白色黏土质细砂岩，主要成分为石英，其次为长石，含大量黏土质及深灰色矿物，大量植物化石及煤线
	13.15	泥岩	灰色—黑色的黏土岩，性脆易碎，参差状断口，团块状结构，底部见4~5cm的薄煤层，见植物化石
	1.30	细粒砂岩	
	4.75	泥岩	黑色黏土岩，团块状结构，参差状断口，底部砂质含量增高，含大量植物化石
	4.65	细粒砂岩	
	2.35	粉砂岩	灰绿色粉砂岩，成分主要为石英，局部泥岩成分增高。在481.00m处夹有0.50m的黑色黏土岩，含少量植物化石
	3.70	泥岩	黑色黏土岩，团块状结构，参差状断口，底部砂质含量增高，含大量植物化石
	1.50	细粒砂岩	灰色及灰白色的细砂岩，成分主要为石英，其次为长石
	5.55	泥岩	灰黑—黑色的黏土岩，团块状结构，参差状断口，质脆易碎，含较多的植物化石
	4.45	粉砂岩	黑色的粉砂岩，局部黏土质成分较高，分选磨圆度高，参差状断口，含有较多的植物化石
	9.35	细粒砂岩	灰白—白色长石石英砂岩，细砂结构，磨圆度中等，斜层理，夹有大量的黑的碳质条带，含有大量的植物茎叶化石
	2.59	粉砂岩	黑色的粉砂岩，磨圆度高，水平层理，平坦状断口，底部泥质含量高
	10.3	43#煤层	黑色，块状，构造简单，无夹矸，阶梯状断口，玻璃光泽
	9.85	粉砂岩	黑色的粉砂岩，磨圆度高，顶部为煤层的底板，泥质含量高，底部泥质含量高，且有少量的黏土岩，为45#煤层的顶板，平坦状断口
	2.35	细粒砂岩	
	15.6	45#煤层	黑色，块状。无夹矸，阶梯状断口，玻璃光泽。变质程度较高，为气、肥煤，煤质成分中镜质组含量较高，煤层中含有大量的植物化石和黄铁矿
	3.42	细粒砂岩	
	1.20	泥质粉砂岩	黑色的泥质粉砂岩，泥质成分高，含有大量的植物根部化石和黄铁矿
	6.20	细粒砂岩	黑色的泥质粉砂岩与灰白色的细砂岩互层，斜层理，平坦状及参差状断口，分选好，磨圆度高，成分主要为石英，其次为长石
	3.60	粉砂岩	黑色的泥质粉砂岩，灰岩含量高，分选好，磨圆度高，平坦状断口，裂隙发育，其中有方解石充填
	1.95	泥岩	黑色黏土质，脆易碎，团块状结构，下部砂质含量有所增高，参差状断口

图 3.1　试验工作面煤层柱状图

本书模拟的工作面为乌东煤矿+575m 标高的 45#煤层西翼综采工作面，采用急倾斜煤层水平分段综采放顶煤采煤法，全部冒落法管理顶板，工作面长度 30.6m，设计阶段高度为 22～25m(设计采放比为 1：7～1：8)，设计回采长度为 1124m，工作面平均埋深为 225m。

3.1.2 实验方案与模型建立

本实验在西安科技大学西部矿井开采及灾害防治教育部重点实验室里开展，采用二维平面模拟平台。模型设计遵循的原则为几何相似、物理现象相似、给定的相似准数相等。

实验认为模拟工作面所受的基本矿山压力为煤岩体重力。煤岩开采后破坏、变形的应力来源是上覆煤岩体重力，不考虑其他应力作用。因此，可以得到原型(′)与模型(″)之间的基本相似条件。

几何相似：

$$\frac{l_1'}{l_1''} = \frac{l_2'}{l_2''} = \cdots = C_l \tag{3.1}$$

运动相似：

$$\frac{t_1'}{t_1''} = \frac{t_2'}{t_2''} = \cdots = C_t \tag{3.2}$$

动力相似：

$$\frac{m_1'}{m_1''} = \frac{m_2'}{m_2''} = \cdots = C_m = C_p C_l^3 \tag{3.3}$$

应力相似：

$$C_p = C_E = C_\gamma C_l \ , \quad C_\mu = 1 \tag{3.4}$$

外力相似：

$$C_F = C_\gamma C_l^3 \tag{3.5}$$

式中，参数 C 为相似常数；参数 l、t、m、p、E、γ、μ、F 分别为原型或模型的几何尺寸、时间、质量、强度、弹性模量、容重、泊松比、应力。

根据实验室条件，设置几何相似比为 $C_l=200:1$（模型架高 1.8m，宽 2.0m），容重相似比为 $C_\gamma=1.6:1$，则 $C_t=\sqrt{C_l}=\sqrt{200}=14.14$，$C_p=C_E=1.6\times200=320$，$C_m=320\times200^3=2.56\times10^9$，$C_F=1.6\times200^3=1.28\times10^7$。

模型的材料配比依据强度相似比 $C_p=320$，经实验得到如表 3.1 所示的配比[123]。

表 3.1　相似模拟实验主要材料配比[123]

序号	岩性	主要材料配比/kg			
		细沙	石膏	碳酸钙	煤粉
1	粉砂岩	89	3	8	
2	泥岩	90	2	8	
3	细砂岩	88	5	8	
4	碳质泥岩	89	2	9	
5	41#煤层	45	3	6	46
6	42#煤层	45	3	6	46
7	43#煤层	45	5	5	45
8	45#煤层	45	5	5	45

煤矿的工作面开采速度为 6m/d，模型的开采速度按运动相似比计算，$v=6\div14.14=0.42\text{m/d}$。

因此，根据实验台的具体情况，设计模型如图 3.2 所示，安装完成后如图 3.3 所示。

模型参数说明如下。

(1)模型架高 1.8m，宽 2.0m，分别代表实际地层厚 360m，剖域 400m。

(2)煤岩层倾角为 45°。

(3)自上而下 0.4～1.15m 区间的煤层为六个开采区段，代表实际采深80～230m。

(4)每个区段高 12.5cm，采高 1.5cm，放顶 11cm，代表实际开采区段高25m，采高 3m，放顶煤 22m，采放比为 1:7.3。

(5)在模型正面布置倾向及其法向的位移测点，其中倾向按 5cm 间隔布置，法向上在煤层及其顶板 10m 内按 5cm 间隔布置，法向上的其他区域按 10cm 间隔布置，如图 3.4 所示。

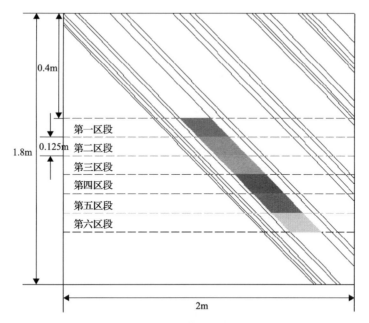

图 3.2 相似模拟模型设计示意图

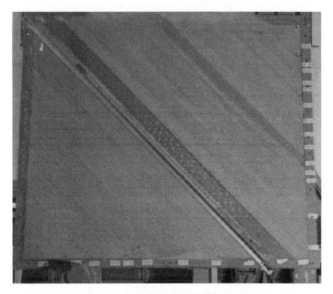

图 3.3 相似模拟模型装配完成图

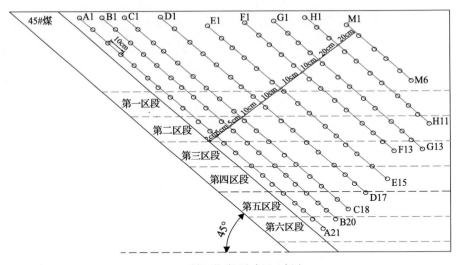

(a) 上覆岩层位移测点布置示意图

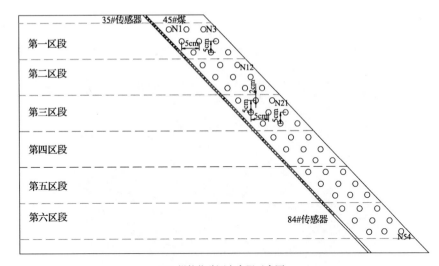

(b) 煤体位移测点布置示意图

图 3.4　相似模拟实验模型位移测点布置示意图

(6) 采用全站仪监测位移数据。

(7) 在六个开采区段的煤层底板位置布置应力传感器进行实时监测，如图 3.5 所示。

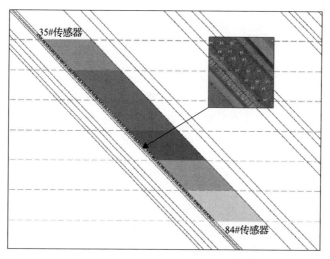

图 3.5　相似模拟实验模型中应力传感器的布置示意图

(8)模型共铺设不同厚度的煤岩层 47 层，每层之间铺洒适当的云母片作为间隔及软弱黏结，43#、45#煤层厚度分别为 10cm、15cm，模型开采 45#煤层。

(9)模型干燥时间为 8 天。

3.2　实验现象描述

相似模拟实验模型自 2016 年 8 月 18 日开始开挖，自上而下开采六个区段。每个区段先水平开采，采高 1.5cm（原型为 3m）；稳定后放顶煤，放煤高 11cm（原型为 22m）。在回采过程中，实时观测、记录测点位移和底板应力的变化。

3.2.1　顶板垮落和位移

3.2.1.1　开采第一区段

第一区段开采及放顶煤期间围岩受采动影响小，未出现明显裂隙，如图 3.6 所示，对应的采矿现象为初次放顶煤后及初次来压前的切眼情况，实际开采时需要强制放顶。

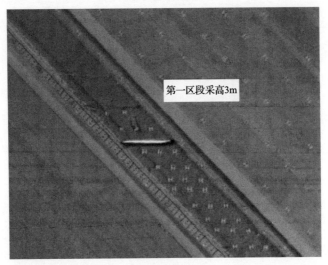

(a) 采高1.5cm

(b) 放煤高11cm

图 3.6　第一区段开采示意图

3.2.1.2　开采第二区段

　　第二区段采放煤高度为 12.5cm（放煤厚度 25m），直接顶发生断裂垮落，但基本顶未发生明显的破断，上覆岩层未发生大面积垮落。顶板出现三条倾斜方向的裂隙，分别长 2.9cm、1.5cm、1.4cm，第一、二裂隙间距为 0.2cm，第二、三裂隙间距为 0.4cm。冒落煤、矸石自下而上堆积为两层,其中上层为顶板断裂垮落层,垮落的顶板岩块在重力作用下有倾向和法向两个运动分量,岩块端头运动受铰接端的阻力影响,垮落后形成"Z"形铰接结构,由于该结构的支撑作用,垮落区形成较大的空隙区。工作面顶板垮落现象如图 3.7(a)所示,顶板位移监测如图 3.7(b)所示。对应的采矿现象为第二区段放顶煤后的切眼情况,实际开采时需要强制放顶。

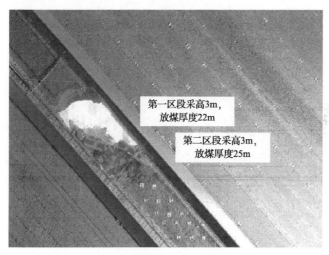

(a) 采放煤后的工作面现象

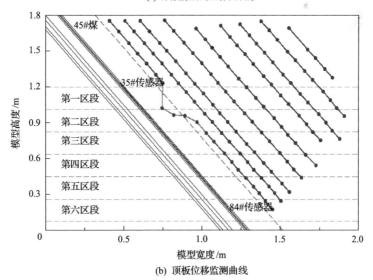

(b) 顶板位移监测曲线

图 3.7　第二区段开采示意图

3.2.1.3　开采第三区段

第三区段采放煤高度为 12.5cm（放煤厚度 25m），在放顶煤后，直接顶随采随垮，基本顶离层加剧，上覆岩层未发生大面积垮落，但大量离层裂隙发育。冒落煤、矸石的堆积规律与第二区段相似，但垮落的顶板岩块形成了第二层"Z"形铰接结构，上层铰接体及堆积物对下层有冲击、破碎、压实作用。工作面顶板垮落现象如图 3.8(a) 所示，顶板位移监测如图 3.8(b) 所示。

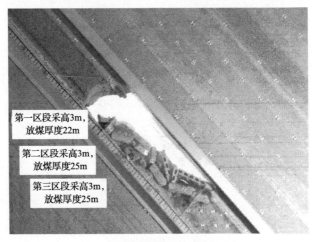

(a) 采放煤后的工作面现象

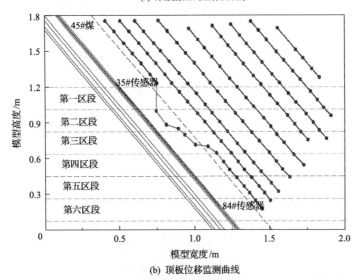

(b) 顶板位移监测曲线

图 3.8　第三区段开采示意图

对应的采矿现象为第三区段放顶煤后的切眼情况，实际开采时可能需要强制放顶。

3.2.1.4 开采第四区段

第四区段采放煤高度为 12.5cm（放煤厚度 25m），在放顶煤后，顶板随采随垮，次关键层垮落，基本顶离层进一步加剧，上覆岩层未发生大面积垮落，但弯曲变形量增加，大量离层裂隙进一步发育。冒落煤、矸石的堆积规律与第三区段相似，但垮落的顶板岩块形成的第三层"Z"形铰接结构变形量降低，上层铰接体及堆积物对下层有冲击、破碎、压实作用。工作面顶板垮落现象如图 3.9(a) 所示，顶板位移监测如图 3.9(b) 所示。对应的采矿现象为第四区段放顶煤后的切眼情况，实际开采时可能需要强制放顶。

3.2.1.5 开采第五区段

第五区段采放煤高度为 12.5cm（放煤厚度 25m），在放顶煤后，顶板随采随垮，上覆岩层弯曲变形，大量离层裂隙进一步发育，必须强制放顶才能保持工作面的稳定性。垮落的顶板岩块不再形成"Z"形铰接结构，而是形成砌体梁结构。上层堆积物对下层的冲击、破碎、压实作用更加明显。工作面顶板垮落现象如图 3.10(a) 所示，顶板位移监测如图 3.10(b) 所示。对应的采矿现象为第五区段放顶煤后的切眼情况。

3.2.1.6 开采第六区段

第六区段采放煤高度为 12.5cm（放煤厚度 25m），在放顶煤后，顶板随即大量垮落，直至 43# 煤层，上覆岩层的离层裂隙继续发育。关键层以下 15 层岩层断裂形成铰接结构。上下断裂带形成"抛物线"状边界——断裂弧，与李树刚教授等模拟的覆岩垮落、裂隙场发育的"椭抛带"分布类似，本实验的特点在于：上断裂弧裂隙区明显，矸石冒落量大，在上断裂弧的顶角内形成空隙区；下断裂弧岩层排列密实，由于垮落岩层的重力大量集中在下断裂弧的下角部，原"Z"形铰接体大量破碎、压实，形成的空隙区衍生了大型裂隙在垂直剖面上，呈现为扇形的空隙发育区，该区域属于瓦斯富集区。工作面顶板垮落现象如图 3.11(a) 所示，顶板位移监测如图 3.11(b) 所示。对应的采矿现象为第六区段放顶煤后的切眼情况。

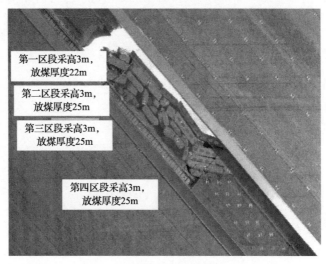

(a) 采放煤后的工作面现象

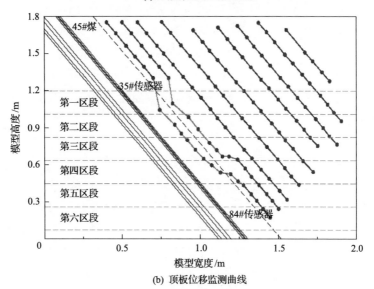

(b) 顶板位移监测曲线

图 3.9　第四区段开采示意图

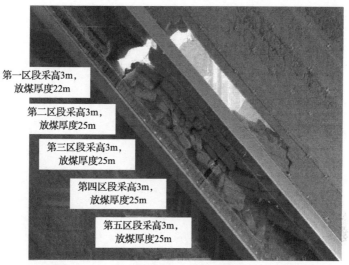

第一区段采高3m，
放煤厚度22m

第二区段采高3m，
放煤厚度25m

第三区段采高3m，
放煤厚度25m

第四区段采高3m，
放煤厚度25m

第五区段采高3m，
放煤厚度25m

(a) 采放煤后的工作面现象

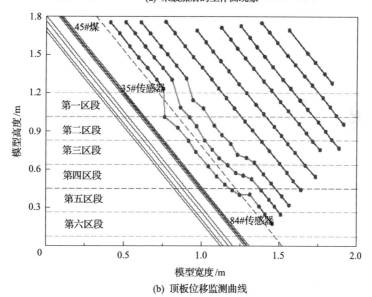

(b) 顶板位移监测曲线

图 3.10　第五区段开采示意图

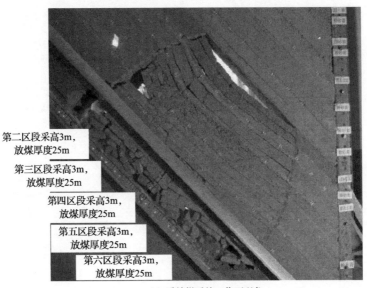

第二区段采高3m，
放煤厚度25m

第三区段采高3m，
放煤厚度25m

第四区段采高3m，
放煤厚度25m

第五区段采高3m，
放煤厚度25m

第六区段采高3m，
放煤厚度25m

(a) 采放煤后的工作面现象

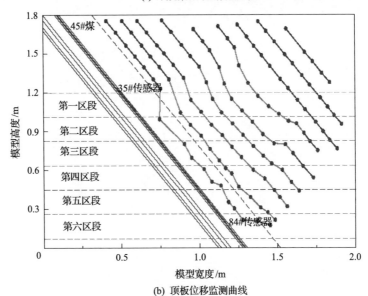

(b) 顶板位移监测曲线

图 3.11　第六区段开采示意图

3.2.2 底板应力变化规律

设计在 45#煤层底板布置应力传感器，如图 3.5 所示。在各区段采煤、放顶煤完成后，且围岩活动稳定后，应力传感器实时记录了工作面底板的应力变化情况。

如图 3.12 所示，在开采空间的倾斜方向，47#传感器附近(开采空间上端头底板处)出现应力集中现象。采空区内岩石底板受力较小，应力曲线骤降，特别是从 50#传感器开始，在倾向上，随着开采深度的增加(开采范围的扩大)，卸压范围也增加，对应的应力降低域越来越宽泛。随着工作面顶板垮落，工作面中部有应力恢复的现象，如图 3.12(e)和(f)的卸压区应力曲线上凸段所示。在工作面底部煤体(开采空间下端头底板处)出现应力集中现象，集中区域较宽泛，然后底板的应力趋近于原始状态。

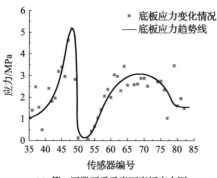

(a) 第一区段开采后岩石底板应力图

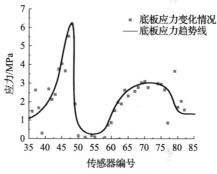

(b) 第二区段开采后岩石底板应力图

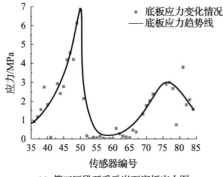

(c) 第三区段开采后岩石底板应力图

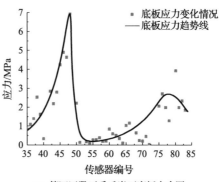

(d) 第四区段开采后岩石底板应力图

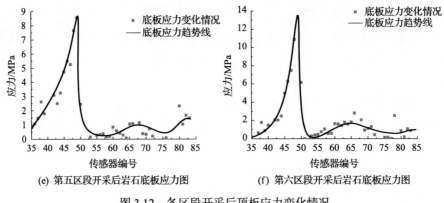

(e) 第五区段开采后岩石底板应力图　　　　(f) 第六区段开采后岩石底板应力图

图 3.12　各区段开采后顶板应力变化情况

4 急倾斜煤层分段开发围岩裂隙场对瓦斯运移规律影响的数值模拟

通过相似模拟实验，得到了急倾斜煤层分段开采时工作面的覆岩裂隙场演化规律，即工作面覆岩形成典型的"抛物线"状断裂边界及"椭抛形"垮落带。围岩裂隙场的分布对研究采空区流场、瓦斯运移规律、瓦斯抽采方式等都具有重要的影响，为了进一步对裂隙场的演化规律进行定量研究，以及定量分析瓦斯在裂隙场中的运移规律，本章依据 PFC^{3D} 软件对围岩孔隙度的实时捕捉及 COMSOL 软件基于动态围岩孔隙度下瓦斯运移的精确模拟，优选 PFC^{3D} 和 COMSOL 两种数值模拟软件进行相关研究。首先，根据急倾斜煤层分段开采实例，利用 PFC^{3D} 软件构建三维模型，并结合相似模拟实验的研究结果对急倾斜煤层分段开采的裂隙场演化规律及工作面围岩孔隙度分布动态规律进行定量研究。其次，将 PFC^{3D} 软件分析所得的孔隙度分布动态数据集，通过数据耦合方式导入 COMSOL 软件中，计算急倾斜煤层分段开采条件下的空间瓦斯分布及运移规律。

4.1 数值模拟模型的建立

Cundall 和 Strack 对离散元的基本定义进行了总结：离散元方法是把分析对象离散成一定数量的球形、圆盘形颗粒或者块体单元，通过单元间简单的微观模型描述对象的宏观本构行为[124]。PFC^{3D} 软件基于离散元理论将球形颗粒设定为基本单元，模拟颗粒之间的运动和相互作用，而且 PFC^{3D} 软件模拟的实体材料能够发生破裂和分离，适用于研究颗粒材料之间的力学行为，如岩石断裂、离层等。虽然这些颗粒之间的力学行为也可以用其他离散元软件如 UDEC 和 3DEC 进行模拟，但 PFC^{3D} 软件具有以下三个方面的显著优势。

(1)计算速率更快，圆形单元间的接触计算比角状物体更简单。

(2)PFC^{3D} 软件模拟的块体可由多个颗粒黏结构成，在一定的力学条件下，能够发生破裂，这是其他离散元软件所不具备的独特优势，能够对岩石的破裂及裂隙的发展进行模拟。

(3)PFC^{3D} 软件对模拟的位移大小没有限制[125]。

因此，通过 PFC^{3D} 软件三个方面的显著优势，可更直观地监测模型内部孔隙度的变化规律。

PFC^{3D} 软件采用时步迭代的计算方法，在每一次计算过程中都会重复应用力-位移定律、运动定律以更新墙体的位置，计算过程如图 4.1 所示，其边界按照变形能力与受力特点可分为两类：刚性边界和柔性边界。模型边界通过给定数值附加外部载荷与运动速度等条件实现稳定，其中边界条件属于第一类边界条件。

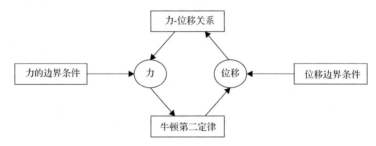

图 4.1　PFC^{3D} 软件计算循环示意图

PFC^{3D} 软件内部程序的黏结模型分为两类：接触黏结模型和平行黏结模型[126]。在颗粒之间接触黏结模型被赋予指定的法向与切向黏结强度，但接触黏结模型只能传递力，不能传递力矩，在岩体破坏上无法满足模拟的要求；而平行黏结模型则可以视为一系列均匀分布在接触面上且以接触点为中心的具有恒定法向和切向刚度的弹簧，在接触处的相对运动会产生力和弯矩，能够满足对岩体破裂模拟的要求。平行黏结模型示意图如图 4.2 所示。

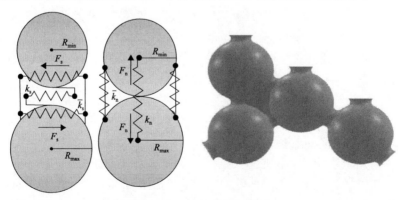

图 4.2　平行黏结模型示意图

k_n.法向刚度；k_s.切向刚度；R_{max}.大颗粒半径；R_{min}.小颗粒半径；F_n.颗粒法向接触力；
F_s.颗粒切向接触力；$\bar{k}_n$.平行黏结法向刚度；$\bar{k}_s$.平行黏结切向刚度

4.1.1 煤岩细观参数的确定

针对急倾斜煤层分段开采的围岩运动及裂隙演化规律,利用 PFC[3D] 软件可构建模型进行模拟,其中最为关键的就是细观参数的正确选择。PFC[3D] 软件从细观角度进行模拟,因此模拟细观力学参数与岩层材料的宏观力学参数之间存在一定的相关性。通过力学数值分析,对相关性进行回归分析,获得宏-细观参数转换经验公式,利用其公式计算得出模拟所需的细观参数。王锐等[127]采用 PFC[3D] 软件离散元模拟的方法,进行了 340 组单轴压缩和抗拉实验,建立了相应的经验公式,并对煤与瓦斯突出进行了数值模拟,得到了相应的结果。Wang 等[128]通过大量的巴西劈裂与单轴压缩实验,从中分析并建立了颗粒杨氏模量等细观参数与材料弹性模量等宏观力学参数之间的相互转换经验公式。本章选用 Wang 等[128]得到的经验公式,原因是其实验所得的数据庞大,拟合得出的经验公式的相关性系数较为接近,其得到了大家的广泛借鉴与应用。Wang 等得出的宏-细观经验公式如下[128]。

(1)弹性模量经验公式:

$$E / E_c = a + b\ln(k_n / k_s) \tag{4.1}$$

式中,E 为弹性模量,GPa;E_c 为杨氏模量,GPa;k_n / k_s 为刚度比,1;a 为系数,取 1.652;b 为系数,取 0.395。

(2)泊松比经验公式:

$$\mu = c\ln(k_n / k_s) + d \tag{4.2}$$

式中,μ 为泊松比;c 为系数,取 0.209;d 为系数,取 0.111。

(3)单轴抗压强度回归性分析:

$$\frac{\sigma_c}{\overline{\sigma}} = \begin{cases} a\left(\dfrac{\overline{\tau}}{\overline{\sigma}}\right)^2 + b\dfrac{\overline{\tau}}{\overline{\sigma}}, & 0 < \dfrac{\overline{\tau}}{\overline{\sigma}} \leqslant 1 \\ c, & \dfrac{\overline{\tau}}{\overline{\sigma}} > 1 \end{cases} \tag{4.3}$$

式中,σ_c 为抗压强度,MPa;$\overline{\sigma}$ 为平行连接法向的连接强度,MPa;$\overline{\tau}$ 为平行连接切向的连接强度,MPa。

(4)抗拉强度回归性分析：

$$\frac{\sigma_t}{\overline{\sigma}} = \begin{cases} d\left(\dfrac{\overline{\tau}}{\overline{\sigma}}\right)^2 + e\dfrac{\overline{\tau}}{\overline{\sigma}}, & 0 < \dfrac{\overline{\tau}}{\overline{\sigma}} \leqslant 1 \\ f, & \dfrac{\overline{\tau}}{\overline{\sigma}} > 1 \end{cases} \tag{4.4}$$

式中，σ_t 为抗拉强度，MPa；d 为实验系数，取 –0.174；e 为系数，取 0.463；f 为系数，取 0.289。

结合乌东煤矿实际地质资料，模型内部各岩层的宏观参数见表 4.1。

表 4.1 各岩层的宏观参数

岩层层序	岩性	岩层厚度 /m	容重 /(kN/m³)	弹性模量 /10⁴MPa	泊松比	抗拉强度 /MPa	内聚力 /MPa	内摩擦角 /(°)
J21	细粒砂岩	23.5	2.54	1.6	0.17	7.35	5.6	38.7
J20	泥岩	19.6	2.49	1.6	0.17	7.35	2.3	44
J19	细粒砂岩	30.4	2.39	3.5	0.21	3.06	3.2	45.5
J18	泥岩	39.9	2.44	1.6	0.17	7.35	4	40.9
J17	细粒砂岩	15.1	2.34	3.5	0.21	3.06	2.61	39
J16	粉砂岩	30.6	2.54	1.6	0.17	7.35	5.6	38.7
J15	泥岩	32.9	2.37	1.02	0.21	3.06	5.31	33.9
J14	细粒砂岩	63.9	2.46	1.6	0.17	7.35	2	44.4
J13	泥岩	11.2	2.5	1.6	0.17	7.35	6.5	32.6
J12	粉砂岩	47.5	2.54	1.6	0.17	7.35	5.6	38.7
J11	细粒砂岩	30.6	2.54	1.6	0.17	7.35	5.6	38.7
J10	粉砂岩	30.6	2.54	1.6	0.17	7.35	5.6	38.7
J9	细粒砂岩	21.6	2.26	1.8	0.29	3.06	3	35.4
J8	43#煤层	32.9	1.26	0.14	0.28	0.4	1.34	32
J7	粉砂岩	63.9	2.46	1.6	0.17	7.35	2	44.4
J6	细粒砂岩	47.5	2.54	1.6	0.17	7.35	5.6	38.7
J5	45#煤层	11.2	1.35	0.16	0.21	0.47	1.54	35
J4	泥质粉砂岩	11.2	2.5	1.6	0.17	7.35	6.5	32.6
J3	细粒砂岩	47.5	2.54	1.6	0.17	7.35	5.6	38.7
J2	粉砂岩	47.5	2.54	1.6	0.17	7.35	5.6	38.7
J1	泥岩	106.1	2.7	3.8	0.23	3.13	24.6	36

根据经验公式[式(4.1)~式(4.4)]对表 4.1 的宏观参数进行反演，获得数值模拟所需的细观参数。反演所得细观参数见表 4.2。

表 4.2 各岩层的细观参数

岩层层序	刚度比	弹性模量/10^4Pa	法向刚度	切向刚度	平行黏结法向强度	平行黏结切向强度	平行黏结法向刚度	平行黏结切向刚度
J21	1.33	1.04	2.08	1.56	25.43	25.43	6.40	1.97
J20	1.33	1.06	2.12	1.59	21	21	3.7	2.35
J19	1.61	2.39	4.78	3.59	10.59	10.59	14	0.98
J18	1.33	1.04	2.08	1.56	25.43	25.43	6.4	1.97
J17	1.61	2.39	4.78	3.59	10.59	10.59	14	0.98
J16	1.33	1.04	2.08	1.56	25.43	25.43	6.4	1.97
J15	1.61	0.70	1.4	1.05	10.59	10.59	4.08	3.38
J14	1.33	1.34	2.68	2.01	22.31	22.31	5.61	2.03
J13	4.39	1.24	2.48	1.86	10.59	10.59	14	0.98
J12	1.33	1.31	2.62	1.97	25.43	25.43	6.4	1.97
J11	1.33	0.65	1.3	0.98	10.59	10.59	4.08	3.38
J10	1.77	1.21	2.42	1.82	25.43	25.43	6.4	1.97
J9	1.31	1.27	2.54	1.9	21.67	21.67	5.3	1.97
J8	4.39	0.13	0.26	0.2	1.38	1.38	0.56	35.74
J7	2.61	1.27	2.54	1.9	15.34	15.34	6.4	1.97
J6	1.34	1.03	2.06	1.55	13.54	13.54	6.3	1.7
J5	2.14	0.123	0.246	0.18	1.58	1.58	0.66	25.37
J4	1.13	1.62	3.24	2.43	15.67	15.67	4.08	3.4
J3	2.39	1.32	2.64	1.98	12.4	12.4	5.61	2.13
J2	1.53	1.54	3.08	2.31	11.31	11.31	14	0.98
J1	1.21	1.07	2.14	1.6	10.03	10.03	6.4	1.97

4.1.2 PFC^{3D} 软件模型的建立

根据乌东煤矿的现场煤层赋存条件及开采工艺，参照相似模拟实验模型，PFC^{3D} 软件数值模拟设计了急倾斜煤层水平分段开采模型，如图 4.3 所示，模型长 400m，宽 200m，高 360m，煤岩层共计 21 层，煤层平均倾角为 45°。模型建立时，采用半径扩展法生成模型，颗粒半径在平衡过程中不断扩大、相互挤压，直至稳定，即模型建立完成。模型中颗粒的最小粒径为 1.8m，最大粒径为 3.0m，比例尺寸较为合理。模型上部边界为自由边界，前、后、左、右四个方位为固定边界，颗粒只允许在垂直方向上进行位移，而底部边界限制垂直方向运移。

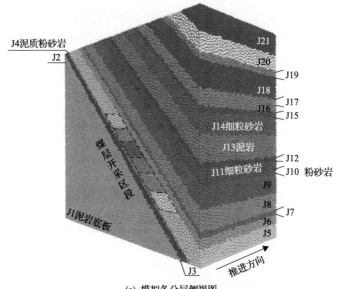

(a) 模拟各分层侧视图

(b) 模拟各分层主视图

图 4.3 PFC^{3D} 数值模拟模型图

数值模拟模型在乌东煤矿 45#煤层开采实践的基础上进行了简化：自上而下共布置六个开采区段，每个开采区段高 25m；每个区段沿走向长 200m，平均分为四个块段，即每个块段走向长 50m，如图 4.4 所示。进行模拟实验时，自上而下依次开采各区段，在每个区段依次开采各块段。开采完第一个块段后，工作面围岩产生裂隙，直到裂隙场稳定后再开采下一个块段，如此反复，直到开采完六个区段，并达到围岩稳定状态为止。

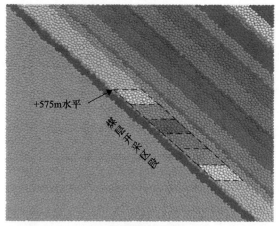

+575m水平

煤四开采区段

(a) 区段设计示意图

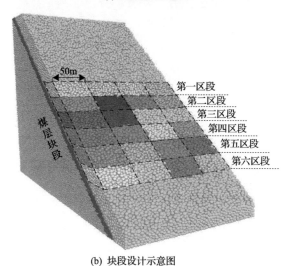

50m

第一区段
第二区段
第三区段
第四区段
第五区段
第六区段

煤层块段

(b) 块段设计示意图

图 4.4　模型的区段、块段设计示意图

4.2　围岩裂隙场及孔隙度演化规律

4.2.1　围岩裂隙场演化规律

以每个区段的第一个块段开采后的围岩裂隙场演化为例，研究围岩裂隙场的演化规律。工作面采动过程中，上覆岩层垮落，在模型内部形成凹陷区，如 PFC^{3D} 模拟裂隙分布图中虚线表示的各个区域，围岩形成的裂隙及裂隙的延展变化和发育程度用不同深度的蓝色进行表示。

4.2.1.1　第一区段

该区段开采四个块段时，煤层区段开采后裂隙分布如图 4.5 所示。整个模型受区段开采的影响较小，但上覆岩层之中通过 PFC^{3D} 软件可以观察到有些裂隙开始产生。直接顶内部虽有较少裂隙产生，但仍然具有支撑作用，不会出现垮落现象。

煤层垮落区域

(a) PFC^{3D}模拟裂隙分布图

第一区段采高3m，
放煤厚度22m

(b) 相似材料模拟裂隙分布图

图 4.5　第一区段开采后裂隙分布图

4.2.1.2　第二区段

由于第二区段的开采，整个模型内部裂隙数量明显增加，直接顶内部裂隙增加的更加明显，开采后裂隙分布如图 4.6 所示。

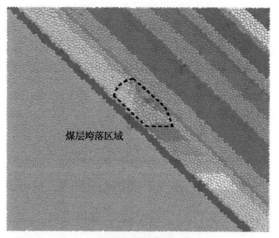

煤层垮落区域

(a) PFC^{3D}模拟裂隙分布图

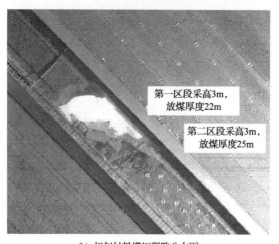

第一区段采高3m，
放煤厚度22m

第二区段采高3m，
放煤厚度25m

(b) 相似材料模拟裂隙分布图

图 4.6　第二区段开采后裂隙分布图

随着直接顶内部裂隙的不断增多，直接顶发生离层垮落现象，它将不再具有支撑作用。基本顶内部裂隙将开始逐渐产生，但基本顶仍具有支撑作用，保持着结构的完整性，保证了上覆岩层不会发生大面积垮落。

4.2.1.3　第三区段

第三区段开采后，模型内部的裂隙区域逐渐扩大，裂隙发育程度也逐渐明显。直接顶将继续垮落，基本顶内部裂隙不断增多，但仍然具有支撑作用并不会发生离层垮落，也将逐渐形成多条漏风通道。此时数值模拟结果与相似模拟实验结果类似，而数值模拟的顶板垮落更加充分，裂隙发育更加明显。煤层区段开采后裂隙分布如图 4.7 所示。

(a) PFC^{3D}模拟裂隙分布图

(b) 相似材料模拟裂隙分布图

图 4.7　第三区段开采后裂隙分布图

4.2.1.4 第四区段

第四区段开采时，模型内部裂隙进一步增加，直接顶不断垮落，基本顶受上覆岩层的压力逐渐增加而失去支撑作用，并发生初次垮落(图4.8)。煤层顶板垮落使得采空区形成"Z"字形结构。

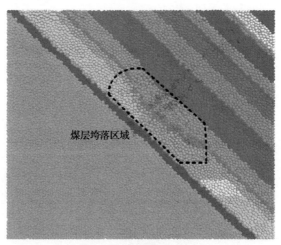

(a) PFC^{3D}模拟裂隙分布图

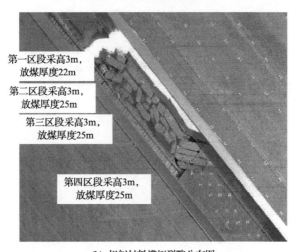

(b) 相似材料模拟裂隙分布图

图 4.8　第四区段开采后裂隙分布图

4.2.1.5　第五区段

该区段开采后，直接顶与基本顶开始周期性垮落，并不断在采空区堆积。本区段开采完毕后，工作面数值模拟结果与相似模拟结果相似，如图 4.9 所示。上覆岩层内部裂隙区进一步扩大，裂隙发育程度也逐渐提高，数值模拟得到的裂隙区范围大于相似模拟的结果。

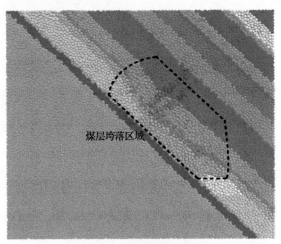

(a) PFC^{3D}模拟裂隙分布图

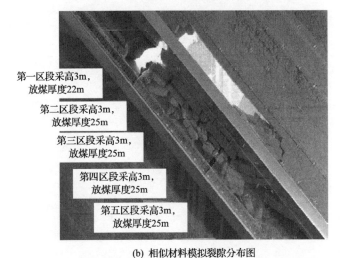

(b) 相似材料模拟裂隙分布图

图 4.9　第五区段开采后裂隙分布图

4.2.1.6 第六区段

随着第六区段四个块段的开采完毕，煤层上覆岩层逐渐垮落完毕，直接顶与基本顶周期垮落完毕。上覆岩层内部的裂隙数量逐渐增加，裂隙区域将进一步扩大，裂隙发育程度也逐渐增长到最高程度，如图 4.10 所示。数值模拟得到的上覆岩层垮落部分的垮落结构明显，左右边界也随之形成圆弧区，

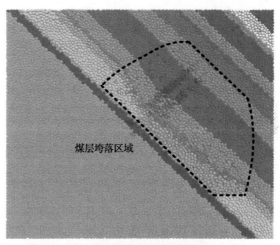

(a) PFC³ᴰ模拟裂隙分布图

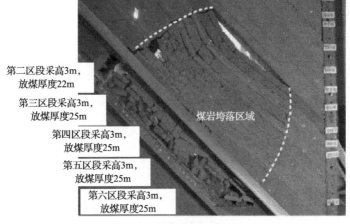

第二区段采高3m，放煤厚度22m

第三区段采高3m，放煤厚度25m

第四区段采高3m，放煤厚度25m

第五区段采高3m，放煤厚度25m

第六区段采高3m，放煤厚度25m

(b) 相似材料模拟裂隙分布图

图 4.10　第六区段开采后裂隙分布图

且左侧裂隙区域较为明显，下部岩体中的裂隙发育程度也高于上部岩体，与相似模拟结果相一致。

随着每个区段的不断开采，上覆岩层的变化规律与相似模拟实验保持一致。随着不断重复垮落堆积的过程，内部裂隙不同阶段的发育程度也各不相同，整体模型裂隙数量呈增加趋势，发育程度也不断升高。

4.2.2　围岩孔隙度演化规律

根据 PFC^{3D} 软件的特点，利用其特有的测量球对模型内部孔隙度的变化情况进行动态追踪，以更好地研究急倾斜煤层水平分段开采过程中孔隙度的动态演化规律。测量球的布置情况如图 4.11 所示。

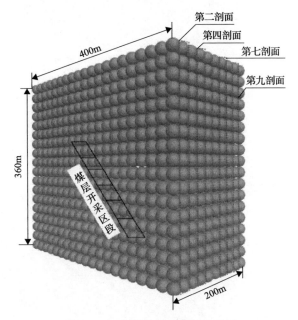

图 4.11　PFC^{3D} 软件测量球布置图

测量模型总体长为 400m，宽 200m，高 360m，测量球粒径均为 20m，布置为 20 行、10 个剖面、18 层，每个剖面布置 360 个测量球，共计 3600 个测量球。测量球将始终处于稳定状态，上、底、前、后、左、右六侧边界面固定不可移动。当颗粒沿垂直方向进行移动时，颗粒将会穿过每层测量球，因此，测量球将会根据颗粒的移动来监测模型的变形情况及孔隙度的演化规律。

从水平分段开采过程中上覆岩层垮落的情况可以看出，煤层进行水平分段开采时将影响整个模型的孔隙度。因此，根据煤层每个区段的开采进程，选取第二、四、七、九剖面为观测面，分析区段开采过程中孔隙度的变化规律。

4.2.2.1　第一区段

第一区段每次开采步距为 50m，共进行 4 次开采，当开采至 200m 时，第二、四、七、九剖面测得的孔隙度数据如图 4.12 所示。整个过程中上覆岩层的孔隙度发生微弱变化，但其变化量较小。从孔隙度示意图可以看出，煤层开挖位置的孔隙度普遍在 0.25～0.5，最大为 0.5 左右；煤层上覆岩层的孔隙度普遍为 0.1～0.2，最大为 0.2 左右。

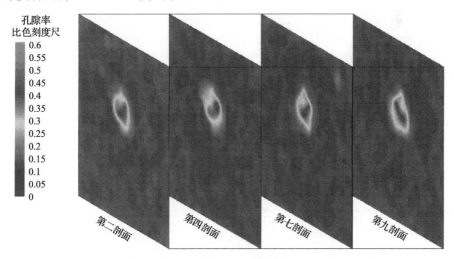

图 4.12　第一区段开采至 200m 时各剖面的孔隙度示意图

4.2.2.2　第二区段

第二区段每次开采步距为 50m，共进行 4 次开采，当开采至 200m 时，所得孔隙度数据如图 4.13 所示。在开采过程中，直接顶不再具有支承作用，发生离层垮落，矸石堆积在第三区段的上方。孔隙度变化主要集中在直接顶及其周围区域，呈不断增加的趋势。随着区段开采的完毕，孔隙度逐渐从 0.05 增加到 0.4 左右，最大值为 0.5 左右。

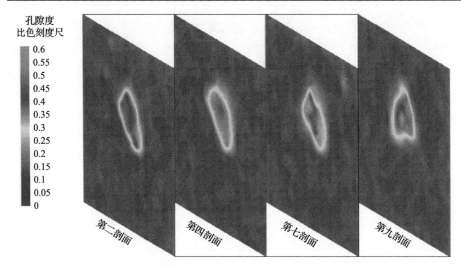

图 4.13　第二区段开采至 200m 时各剖面的孔隙度示意图

4.2.2.3　第三区段

随着第三区段开采的进行，直接顶不断垮落，基本顶虽具有支承作用，但已经开始出现离层裂隙，处于即将发生离层垮落的边缘，逐渐开采至 200m 时，第三区段的孔隙度如图 4.14 所示。开采过程中，由于直接顶的垮落，基本顶出现微小缝隙，孔隙度变化主要发生在基本顶周围，随着开采的不断

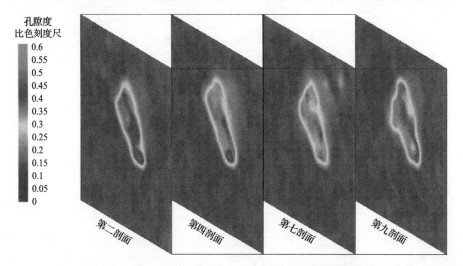

图 4.14　第三区段开采至 200m 时各剖面的孔隙度示意图

增加，孔隙度从 0.15 增加至 0.2 左右。最终开采完毕时，孔隙度逐渐稳定，开采位置的孔隙度最大为 0.5 左右。

4.2.2.4 第四区段

随着第四区段的开采，基本顶逐渐失去支承作用，不能承担上覆岩层所产生的压力，发生初次垮落，基本顶及周围区域的孔隙度发生显著变化，开采至 200m 时孔隙度数据如图 4.15 所示。开采至 200m 的过程中，基本顶附近的孔隙度逐渐增加到 0.2 左右，基本顶的位置处孔隙度逐渐增加到 0.5 左右，直接顶及工作面位置由于矸石的堆积挤压，孔隙度逐渐从 0.5 减小至 0.25 左右。最终开采完毕时，孔隙度基本保持稳定。

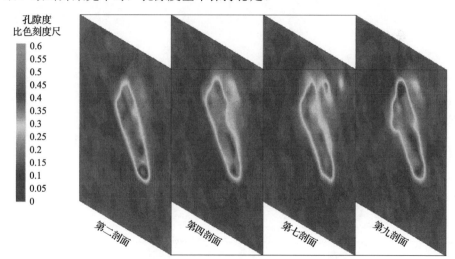

图 4.15 第四区段开采至 200m 时各剖面的孔隙度示意图

4.2.2.5 第五区段

当开采该区段时，上覆岩层进一步发生垮落，基本顶则开始呈现周期垮落，垮落区域不断扩大，区段开采至 200m 时，孔隙度数据如图 4.16 所示。在区段开采过程中，基本顶上方区域的孔隙度逐渐增加，从 0.05 增加至 0.3 左右；随着时间的推移，直接顶与基本顶垮落并堆积在第六区段的上方，使得第六区段的工作面上方的孔隙度逐渐减小，而第一区段至第四区段的孔隙度逐渐增加。当开采完毕时，各位置处的孔隙度趋于稳定，基本顶上方位置的孔隙度最大值为 0.5 左右。

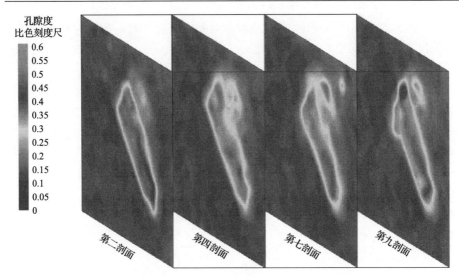

图 4.16　第五区段开采至 200m 时各剖面的孔隙度示意图

4.2.2.6　第六区段

第六区段开采过程中，上覆岩层逐渐垮落完毕，开采至 200m 时，急倾斜煤层水平分段开采数值模拟结束，此时孔隙度如图 4.17 所示。

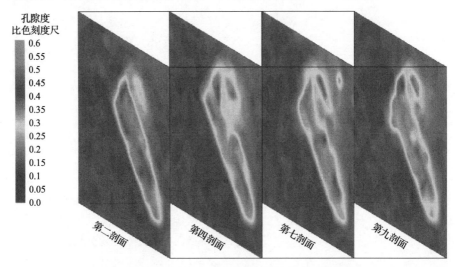

图 4.17　第六区段开采至 200m 时各剖面的孔隙度示意图

随着工作面的开采,上覆岩层垮落的矸石不断向第六区段底部堆积,位于第四、五、六区段位置处的孔隙度逐渐从 0.45 减小至 0.25 左右,而在第一、二、三区段位置处的孔隙度不断增加,最大增加至 0.45 左右。从图 4.17 可以看出,当第六区段开采至 200m 时,模型整体孔隙度趋于稳定,不再发生显著变化,上覆岩层的孔隙度最高约为 0.45,位于采空区的最上部。

本节研究了急倾斜煤层水平分段由浅部向深部开采的过程中,六个区段的覆岩垮落及孔隙度的演化规律,每个区段进行了 200m 的开采,并选取其孔隙度作为动态数据集,研究分析了不同区段在开采过程中的孔隙度演化规律。

(1)在不同的开采区段,随着工作面开采的进行,上覆岩层的孔隙度呈逐渐升高的趋势。

(2)随着工作面的开采,上覆岩层垮落堆积于下一区段的上方,其孔隙度随着上方岩层垮落的压实作用而逐渐降低,最终保持在 0.5 左右。

(3)开采稳定后,在第一区段,上覆岩层的孔隙度最大约为 0.2,而第二至第五区段的上覆岩层的孔隙度最大为 0.5,这是由于第一区段开采后上覆岩层仍然保持较为完整的结构。

本节通过分析不同区段及不同开采阶段的孔隙度演化规律,为定量地研究裂隙场发育情况提供了依据,为实现基于真实孔隙度的瓦斯运移规律的 COMSOL 数值模拟提供了基础数据,也为进一步研究瓦斯抽采参数提供了参考。

4.3 底板应力演化规律

在 PFC^{3D} 软件所建立的模型的岩层底板布置测量球,监测煤层底板所受压力。底板应力测量球布置情况如图 4.18 所示。

4.3.1 第一区段开采时底板应力变化

从图 4.19 可以看出,第一区段开采完毕时,应力集中区域主要在第一区段开采位置前方,对应 43 号至 52 号测量球区域,47 号测量球位置出现峰值。由于该区段上覆岩层未出现垮落现象,47 号测量球位置的底板上方不承受上覆岩层的重力,区段位置应力曲线出现突然下降,而工作面后方的底板承受开采区段上覆岩层的重力,则后方应力曲线得到恢复并逐渐趋于稳定。

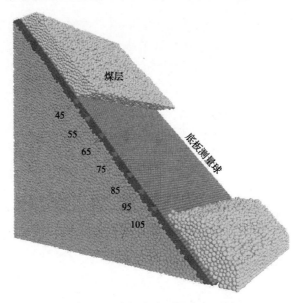

图 4.18　底板应力测量球布置图

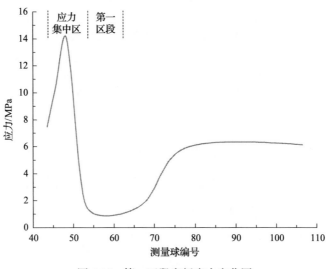

图 4.19　第一区段底板应力变化图

4.3.2　第二区段开采时底板应力变化

第二区段开采完毕时，工作面前方附近底板应力增加，采空区附近岩石底板应力变化不大，如图 4.20 所示。应力集中区域位于 43 号至 55 号测量球区域，由于顶板还具有支承作用，峰值依然保持在 47 号测量球位置。工作面其他位置的底板应力变化较小，应力曲线变化与第一区段开采时工作面后方的底板应力曲线变化相似。但在岩层底板上方出现悬空范围，向上小区域进行了扩展，使得两边岩层受到挤压，在高应力的作用下，两侧煤壁可能存在片帮等形式的动力灾害，威胁工作面的安全开采。

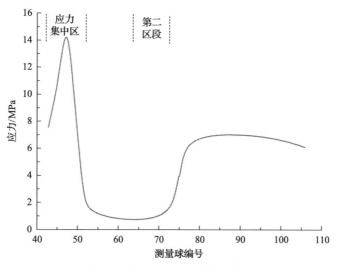

图 4.20　第二区段底板应力变化图

4.3.3　第三区段开采时底板应力变化

当第三区段开采结束时，岩层底板应力变化情况如图 4.21 所示。从岩层底板测量球监测数据可以看出，直接顶垮落不断堆积在煤层底板上，使得煤层底板受压较大。由于该煤层采用下行开采的方式，当直接顶垮落堆积时，垮落部分的矸石则随工作面的开采向下进行累积，煤层底板将会出现不同程度的压力现象。应力集中区域不发生改变，峰值依旧维持在 47 号测量球位置。区段工作面后方，由于未受开采的影响，底板应力不发生变化，而应力曲线恢复至未开采时，应力状态逐渐趋于稳定。

4.3.4　第四区段开采时底板应力变化

第四区段开采完毕时，应力变化如图 4.22 所示。

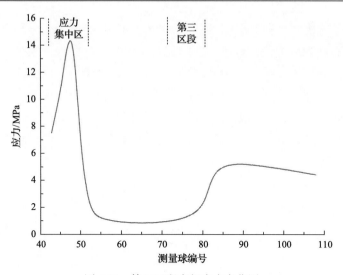

图 4.21　第三区段底板应力变化图

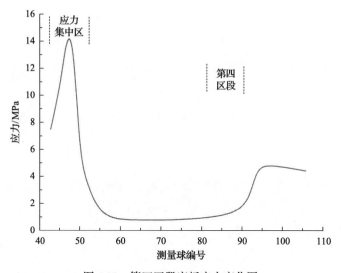

图 4.22　第四区段底板应力变化图

　　从图 4.22 可以看出，随着煤层区段的不断开采，直接顶不断垮落，基本顶不能支撑上覆岩层所带来的压力，将逐渐出现离层并垮落。采空区范围进一步扩大，对应 53 号至 81 号测量球区域，由于上方的断裂拱已经平衡，应力集中范围没有改变，其 48 号测量球的位置出现峰值。由于下行开采，工作面前方应力比后方应力大，但随着基本顶的垮落，工作面前方位置的底板上方悬空范围变大，顶板压力集中聚集于煤壁两帮。

4.3.5 第五区段开采时底板应力变化

随着第五区段工作面的开采，直接顶与基本顶开始呈现周期性的垮落，底板应力范围不断扩大，部分测量球由于上覆岩层垮落的相互支撑作用，底板应力呈现如图 4.23 所示的分布规律。区段工作面前方位置，由于上覆岩层大范围垮落，各层垮落颗粒之间具有支撑作用，底板应力并不稳定而发生微小增幅现象，区段后方的底板应力未受显著的采动影响，而恢复至原始应力状态。

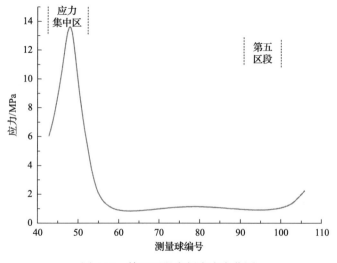

图 4.23 第五区段底板应力变化图

4.3.6 第六区段开采时底板应力变化

第六区段开采结束后，岩层底板应力变化如图 4.24 所示。受多区段回采的持续采动影响，上覆岩层垮落至采空区，底板在堆积、挤压作用下应力重新分布。煤层底板应力分布如下：在 43 号至 46 号测量球区域，底板应力逐渐增大至最大值，此处底板处于塑性变形区域，承受了多数冒落矸石自重，且垂直于底板挤压力分量；47 号至 55 号测量球区域处于卸压区，底板应力突然减小并逐渐趋于稳定，此时底板处于弹性变形区域，底板所受压应力未超过底板岩石的抗压屈服强度。

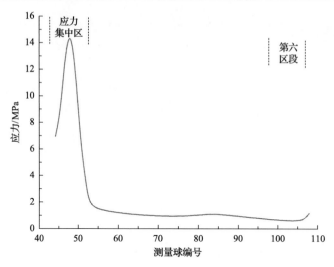

图 4.24　第六区段底板应力变化图

综上所述，通过在数值模拟模型中布置测量球，得到了不同区段开采过程中底板应力的动态演化规律，其规律与相似模拟实验基本一致。通过对底板应力曲线的分析可以得到如下结论。

（1）底板应力集中区主要位于开采区段工作面前方，峰值未呈现显著变化，其位置维持在 47 号测量球左右。

（2）当区段进行开采时，开采区段底板处的应力保持在较低的水平，数值基本稳定在 1MPa 左右，底板的整体稳定性较高。

（3）开采区段的两帮受采动应力的影响，处于较高的应力水平，存在底鼓、片帮等动力灾害的威胁，且随工作面开采深度的增加，应力集中水平也逐渐增加。

（4）位于开采区段下方的未开采区段，其底板应力则会随着采动应力再次达到平衡并恢复至原始应力状态，随着相对开采区段距离的增加，底板应力稳定程度也随之增加，受采动作用的影响不显著。

通过对底板应力演化规律进行分析，明确了不同分段开采过程中的底板受力状态，为进一步分析瓦斯涌出通道、开采巷道动力灾害防治等提供依据。

4.4　瓦斯空间分布及运移规律

COMSOL 是多物理场建模解决方案的领导者。COMSOL Multiphysics 是以有限元法为基础，通过求解偏微分方程（单场）或偏微分方程组（多场）来实现真实物理现象的仿真，用数学方法求解真实世界的物理现象。应用 COMSOL 软件求解急倾斜煤层水平分段开采条件下的围岩采动裂隙场中瓦斯的运移规律，为研究工作面的瓦斯逸散、涌出及其治理提供理论支撑。

将工作面围岩裂隙场的动态孔隙度、渗透率数据集和瓦斯参数导入 COMSOL 软件中，实现急倾斜煤层水平分段开采的工作面围岩在三维状态下的瓦斯运移规律模拟，对研究工作面的瓦斯来源及其组分、瓦斯涌出量预测、瓦斯定位抽采等提供理论依据。

4.4.1　主要参数的确定

利用 COMSOL 软件模拟采动裂隙场中瓦斯分布，需要确定三个重要参数，即孔隙度、渗透率和瓦斯源。

4.4.1.1　孔隙度的赋值

在以往的研究中，对采空区围岩孔隙度的赋值一般采用以下三种方法[129-131]。

(1)均匀分布。将采空区及围岩的多孔介质视为均一性质，认为采空区及其围岩在倾向和走向上孔隙度一致。

(2)分段均匀分布。根据采动空间内的"横三区"和"竖三带"分布特征，对采动空间进行分块划分，一般划分为六部分或者九部分，对各分块分别赋予一个常数作为该区域的孔隙度。离工作面越近，孔隙度就越大，随着与工作面距离的增加，孔隙度呈阶梯状下降。

(3)连续分布。根据矿压分布规律，将采动空间孔隙度视为连续变化的分布特征，距工作面越近，孔隙度越大，孔隙度随着工作面回采距离的增加而呈连续指数减少。

以上三种方法都是根据已知的采动空间条件，尽可能地简化孔隙度分布的复杂度，以较为简单的方式进行区域性赋值，同时存在很大的不足。综放开采工艺下，采空区内上覆岩层冒落特性并不均一，上述赋值法与现场实际条件差别很大。在理论上，目前还没有一种程序能实现对采空区及其围岩的孔隙度和瓦斯流场同时模拟。本节提出将 PFC^{3D} 软件数值模拟的孔隙度分布动态数据集直接导入 COMSOL 软件中，进行该条件下的采动裂隙场瓦斯分布数值模拟，有效地避免孔隙度参数赋值时的各种简单假设条件，使模拟结果更接近现场的实际情况。

将 PFC^{3D} 软件模拟的孔隙度导入 COMSOL 软件的方法是通过 Excel 软件来实现的，即将 PFC^{3D} 软件模拟的孔隙度数据储存至 Excel，然后将 Excel 数据以参数的形式实时连接至 COMSOL 软件中，建立起 PFC³ᴰ 软件和 COMSOL 软件之间的数据单向沟通，实现模拟复杂孔隙度条件下的采动裂隙场瓦斯运移规律。数据流转程序如图 4.25 所示。

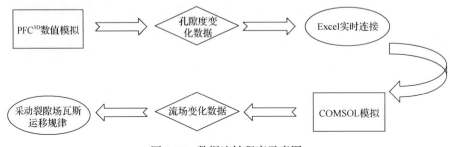

图 4.25　数据流转程序示意图

4.4.1.2　渗透率的赋值

根据 Blake-Kozeny 公式[132]，围岩渗透率和孔隙度可以建立起对应关系，根据孔隙度数据集可以同时计算出渗透率数据集，并按照孔隙度的赋值方法，一并将渗透率赋值到 COMSOL 软件中。孔隙度和渗透率的关系演算表达式为

$$k = \frac{\varepsilon^3 d_{\mathrm{m}}^2}{150(1-\varepsilon)^2} \tag{4.5}$$

$$\phi = 1 - \frac{1}{K_{\mathrm{p}}} \tag{4.6}$$

式中，k 为渗透系数；ϕ 为孔隙度；K_{p} 为岩石垮落碎胀系数；d_{m} 为多孔介质平均粒子直径，m。

4.4.1.3　瓦斯来源及质量源的确定

在工作面回采过程中，煤层中赋存瓦斯的平衡状态受采动应力的影响发生变化，涌出的瓦斯通过裂隙通道在采动裂隙场中运移。采动裂隙场内存在的浓度差为瓦斯的涌出和扩散提供了动力：高浓度的瓦斯向低浓度区域扩散，直至各区域的瓦斯压力再次趋于平衡。工作面瓦斯涌出、采空区遗煤的瓦斯涌出及邻近煤层的瓦斯涌出等构成了瓦斯的主要来源，称为瓦斯源。

由于瓦斯涌入采动裂隙场的强度在不同的空间位置上存在显著差异，为了简化、解决这一问题，采动空间涌出的瓦斯视为均匀分布，即把各个瓦斯源涌出的瓦斯平均分摊到各部分瓦斯源的空间单位体积上。其确定过程如下。

1)采空区遗煤瓦斯涌出量

$$q = q_0 \times \left\{ 1 - \exp\left[-\left(\frac{t}{t_0}\right)^n \right] \right\} \tag{4.7}$$

式中，q 为累计瓦斯解吸量，m^3/t；q_0 为煤层瓦斯浓度，m^3/t；n 为由煤的裂隙形态决定的常数；t 为碎煤暴露时间，s；t_0 为时间常数，s。

在采空区深度为 xm 处，遗煤暴露的时间为

$$t = \frac{x}{v_0} \tag{4.8}$$

式中，v_0 为工作面的推进速度，m/s。

由式(4.7)和式(4.8)可以推导出采空区遗煤的累计瓦斯解吸量为

$$q = \frac{\partial q}{\partial t} = q_0 n \frac{x^{n-i}}{v_0^{n-1} t_0^n} \exp\left[-\left(\frac{x}{v_0 t_0}\right)^n \right] \tag{4.9}$$

式中，i 为指数系数。

则采空区单位空间内遗煤瓦斯涌出量为

$$q_v = q \cdot \rho_m \cdot l \tag{4.10}$$

式中，l 为采空区遗煤的体积比，%；ρ_m 为采空区遗煤的密度，g/m^3。

由此推导出的采空区遗煤的瓦斯涌出量的计算公式为

$$Q_3 = l \cdot \rho_m \cdot q_0 v_0 \cdot \left[\exp\left(-\sqrt{\frac{l_1}{v_0 t_0}}\right) - \exp\left(-\sqrt{\frac{l_2}{v_0 t_0}}\right) \right] \tag{4.11}$$

式中，l_1 和 l_2 指不同位置采空区遗煤体积比。

2)邻近煤层瓦斯涌出量

$$Q_2 = \sum_{i=1}^{n} \frac{m_i}{m_1} k_i \cdot (X_{0i} - X_{1i}) \tag{4.12}$$

式中，Q_2 为邻近煤层瓦斯涌出量，m^3/t；m_i 为第 i 个邻近煤层厚度，m；m_1 为保护煤层采高，m；X_{0i} 为第 i 邻近煤层原始瓦斯浓度，m^3/t；X_{1i} 为第 i 邻近煤层残存瓦斯浓度，m^3/t；k_i 为第 i 邻近煤层瓦斯排放率。

邻近煤层瓦斯排放率与层间距的关系为

$$k_i = 1 - \frac{h_i}{h_p} \tag{4.13}$$

式中，h_i 为第 i 邻近煤层与首先开采的保护煤层的垂直间距，m；h_p 为受采动影响，围岩形成贯穿裂隙的范围，m。

　　3) 工作面瓦斯涌出量

　　工作面瓦斯涌出量可以看作是瓦斯涌出总量减去采空区瓦斯涌出量(包括邻近煤层、开采分段底部卸压煤体及采空区遗煤瓦斯涌出量)，为此对+575m 水平 45#煤西工作面进行瓦斯涌出量统计，统计时间从 2015 年 4 月 21 日至 5 月 17 日，其统计的瓦斯涌出量分布如图 4.26 所示。

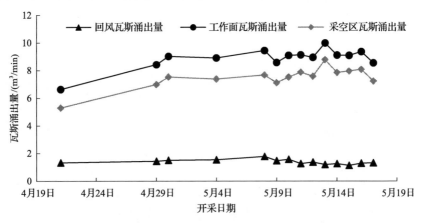

图 4.26　工作面瓦斯涌出量实测

　　由图 4.26 可以看出，工作面瓦斯涌出量为 6.63～9.98m³/min，平均为 8.87m³/min；回风瓦斯涌出量为 1.13～1.78m³/min，平均为 1.39m³/min；采空区瓦斯涌出量占工作面瓦斯涌出量的比例可近似按照式(4.14)计算[133]：

$$R = \frac{Q_1}{Q} \times 100\% \tag{4.14}$$

式中，R 为采空区瓦斯涌出量占工作面瓦斯涌出量的比例，%；Q_1 为采空区(含邻近煤层、下部煤体)瓦斯涌出量，m³/min；Q 为工作面瓦斯涌出量(包括抽采量)，m³/min。

按照式(4.14)计算得到采空区瓦斯涌出量占量的84.3%,瓦斯涌出量占工作面瓦斯涌出量的15.7%。

采空区瓦斯涌出量是邻近煤层瓦斯涌出量、采空区遗煤瓦斯涌出量和工作面底部煤体瓦斯涌出量之和,即

$$Q_1 = Q_d + Q_2 + Q_3 \tag{4.15}$$

式中,Q_d 为底部煤体瓦斯涌出量,m^3/min;Q_3 为采空区遗煤瓦斯涌出量,m^3/min。

通过式(4.15)可以计算得到底部煤体瓦斯涌出量。瓦斯质量源和瓦斯涌出量的关系表达式为

$$Q_s = \frac{Q_g \cdot \rho_g}{V} \tag{4.16}$$

式中,Q_s 为模型瓦斯质量源,$kg/(m^3 \cdot s)$;Q_g 为瓦斯涌出量,m^3/s;ρ_g 为瓦斯密度,$\rho_g = 0.7167\,kg/m^3$;V 为瓦斯质量源所占总体积,m^3。

瓦斯源在模型中对应量如下。

工作面瓦斯涌出源:$Q_{s1} = \dfrac{\frac{1.39}{60} \times 0.7167}{30 \times 4 \times 3} = 4.61 \times 10^{-5}\,kg/(m^3 \cdot s)$

采空区遗煤瓦斯涌出源:$Q_{s2} = \dfrac{\frac{4.71}{60} \times 0.7167}{30 \times 300 \times 2 \times 6} = 5.21 \times 10^{-7}\,kg/(m^3 \cdot s)$

邻近煤层瓦斯涌出源:$Q_{s3} = \dfrac{\frac{0.27}{60} \times 0.7167}{30 \times 300 \times 5 \times 5} = 1.33 \times 10^{-6}\,kg/(m^3 \cdot s)$

底部煤体瓦斯涌出源:$Q_{s4} = \dfrac{\frac{2.51}{60} \times 0.7167}{30 \times 300 \times 5 \times 5} = 1.33 \times 10^{-7}\,kg/(m^3 \cdot s)$

4.4.1.4 模型边界条件

设置进风巷为模型的入口边界,进风速度为3m/s,瓦斯浓度为0m³/t,即认为进风流中不含有瓦斯。设置回风巷为模型的出口边界,其边界条件为压力。设置模型的其余固体边界为壁面无滑移。根据所建立的数值模型和参数设置,解算直至残差收敛为止,得到围岩裂隙场中瓦斯空间分布及运移规律。

4.4.2 采动围岩裂隙场中瓦斯运移数学模型

以急倾斜煤层水平分段开采围岩采动裂隙场为研究对象，假设裂隙场中的瓦斯和空气混合后的气体为理想混合气体，故气体流动遵循连续方程、动量方程、质量守恒方程，在 COMSOL 软件中选择合适的物理场建立合适的气体流动模型。

4.4.2.1 理想混合气体的状态方程

由于将裂隙场中瓦斯和空气混合后的气看作理想气体，故分子间无作用力，分子不具备体积。理想混合气体的状态方程为

$$PV = \frac{m}{M}R_0T \tag{4.17}$$

式中，P 为绝对压力，Pa；V 为混合气体体积，m^3；m 为混合气体的质量，kg；M 为混合气体的摩尔质量，kg/mol；R_0 为普适气体常数，R_0=8.31J/(mol/K)；T 为热力学温度，K。

4.4.2.2 连续性方程

质量守恒定律为单位时间间隔内流入的质量与流出的质量的差等于该时间段内控制体内部流体质量的增加量。基于该定律，将质量守恒方程以微分形式表达：

$$\frac{\partial \rho}{\partial t} + \frac{\partial(\rho u)}{\partial x} + \frac{\partial(\rho v)}{\partial y} + \frac{\partial(\rho w)}{\partial z} = 0 \tag{4.18}$$

为简化式(4.18)，引入矢量散度符号 $\text{div}(\boldsymbol{a}) = \partial a_x / \partial x + \partial a_y / \partial y + \partial a_z / \partial z$，简化为

$$\frac{\partial \rho}{\partial t} + \text{div}(\rho \boldsymbol{U}) = 0 \tag{4.19}$$

式中，ρ 为流场的密度，kg/m^3；t 为时间，s；$\boldsymbol{U}$ 为速度矢量，u、v、w 为流速在 x、y、z 方向上的速度分量，m/s。

4.4.2.3 质量守恒方程

瓦斯运移满足质量守恒定律，故质量对时间的变化率等于累计通过微元体界面净弥散流量之和。其表达式为

$$\frac{\partial(\rho c_{\mathrm{g}})}{\partial t}+\frac{\partial}{\partial x_{i}}(\rho c_{\mathrm{g}} u_{i})=-\frac{\partial}{\partial x_{i}}(J_{\mathrm{g}} u_{i})+S_{\mathrm{g}} \tag{4.20}$$

式中，c_{g} 为流体密度，$\mathrm{kg/m^3}$；u_{i} 为在 i 方向上多孔介质的平均流速，$\mathrm{m/s}$；x_{i} 为在 i 方向上的距离变量；S_{g} 为瓦斯源项的额外产生率；J_{g} 为瓦斯的扩散通量，$\mathrm{kg/(m^2 \cdot s)}$。

4.4.2.4　动量守恒方程

动量守恒方程是指在一给定的流体系统中动量的时间变化率等于作用在该流体系统上的外力之和。Navier-Stokes 方程适用于巷道内和工作面上的流体流动；Brinkman 方程符合破碎带兼顾流体压力梯度和运动作用的特点，适合描述破碎带渗流的采空区内流动。采动裂隙场的岩体部分符合 Darcy 方程。瓦斯的运移遵循流体的动力扩散定律——菲克定理。

Navier-Stoke 方程的表达式为

$$-\nabla \cdot \eta \left[\nabla \boldsymbol{u}_{\mathrm{ns}} + (\nabla \boldsymbol{u}_{\mathrm{ns}})^{\mathrm{T}} \right] + \rho \boldsymbol{u}_{\mathrm{ns}} \cdot \nabla \boldsymbol{u}_{\mathrm{ns}} + \nabla p_{\mathrm{ns}} = 0 \tag{4.21}$$

式中，η 为黏性系数，$\mathrm{kg/(m \cdot s)}$；$\boldsymbol{u}_{\mathrm{ns}}$ 为速度矢量，$\mathrm{m/s}$；p_{ns} 为压力，Pa。

Brinkman 方程的表达式为

$$-\nabla \cdot \frac{\eta}{\varepsilon} \left[\nabla \boldsymbol{u}_{\mathrm{br}} + (\nabla \boldsymbol{u}_{\mathrm{br}})^{\mathrm{T}} \right] - \left(\frac{\eta}{\varepsilon} \boldsymbol{u}_{\mathrm{br}} + \nabla p_{\mathrm{br}} \right) = 0 \tag{4.22}$$

式中，ε 为孔隙度；$\boldsymbol{u}_{\mathrm{br}}$ 为速度矢量，$\mathrm{m/s}$；p_{br} 为压力，Pa。

Darcy 方程的表达式为

$$v = -\frac{k}{\mu} \left(\frac{\partial p}{\partial z} + \rho g \right) \tag{4.23}$$

式中，v 为渗流速度，$\mathrm{m/s}$；k 为渗透率，$\mathrm{m^2}$；μ 为黏度，$\mathrm{Pa \cdot s}$；p 为孔隙内的压力，Pa；z 为渗流距离，m；ρ 为密度，$\mathrm{kg/m^3}$；g 为重力加速度，$\mathrm{m/s^2}$。

菲克定理的表达式为

$$\frac{\partial c}{\partial t} = D \left(\frac{\partial^2 c}{\partial r^2} + \frac{2}{r} \frac{\partial c}{\partial r} \right) \tag{4.24}$$

式中，c 为溶解浓度，kg/m^3；t 为时间；r 为极坐标半径，m；D 为扩散系数。

在模型中选择三种物理场，即用 Navier-Stoke 方程、Brinkman 方程及 Darcy 方程，构建出气体流动模型，求解该模型可以得出在该平衡状态下混合气体流动的压力场和速度场的分布情况。瓦斯在裂隙场中作为一种溶质在另一种溶质中进行扩散，同时瓦斯存在升浮扩散性质，因此采用菲克定理来构建瓦斯扩散模型。

4.4.3　几何模型的建立和网格的划分

4.4.3.1　模拟方案的确定

本次模拟选择乌东煤矿+575m 水平 45#煤层西翼综采工作面作为研究对象，模拟该工作面在实际开采条件下采动围岩空间内瓦斯的分布规律，依据模拟结论为瓦斯涌出规律研究和瓦斯抽采设计等提供依据。

4.4.3.2　模型尺寸

结合 PFC^{3D} 软件所建模型对工作面、采动裂隙场进行以下简化，得到模型尺寸为长×宽×高=400m×360m×360m，其中工作面为长×宽×高= 30m×4m×3m，进回风巷为长×宽×高=20m×4m×3m，煤层倾角为 45°，如图 4.27 所示。

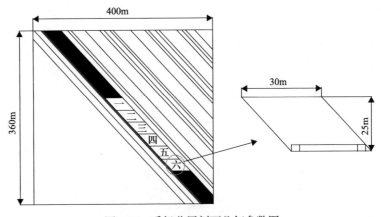

图 4.27　采场分层剖面几何参数图

4.4.3.3 网格剖分

根据实际方案，在 COMSOL 软件中利用内插和建模功能建立三维模型，对已经开采垮落的前五个区段假设为充满整个空间的近似垮落体，建立如图 4.28 所示的简化模型。模型的孔隙度初始值来源于 PFC^{3D} 软件数值分析结果，其他参数设置根据 4.4.1 节确定。模型将网格剖分为 257902 个体单元、204351 个域单元和 47663 个网格顶点，为了简化模拟过程，模型左下岩体部分不进行解算，故该部分网格做较粗化处理。

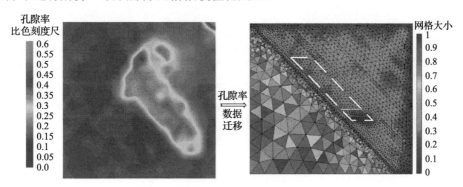

图 4.28　网格剖分图

4.4.4　数值模拟结果分析

本次模拟主要研究对象为 +575m 水平 45# 煤层西翼综采工作面，故在模型设计时，对已经开采的前五区段设定为已开采采空区，第六区段开采至 200m 处，留有 100m 尚未开采，如图 4.29 所示。在底部煤体沿煤层垂直方向选取六个切片，其选取位置参照图 4.29，获得瓦斯浓度分布，如图 4.30 所示。第六区段内模拟结果选取为在底部煤体、距底部煤体 15m 及顶板处，沿煤层走向取三个切面如图 4.31 所示，分析采空区瓦斯浓度分布。

为了定量分析采动裂隙场内瓦斯分布情况，以图 4.31 中回风隅角顶点为坐标原点，从回风侧向进风侧选为 x 轴的正方向，分别提取三个图中对应的瓦斯浓度，以距工作面长度为横轴，以瓦斯浓度为纵轴绘制得到图 4.32。

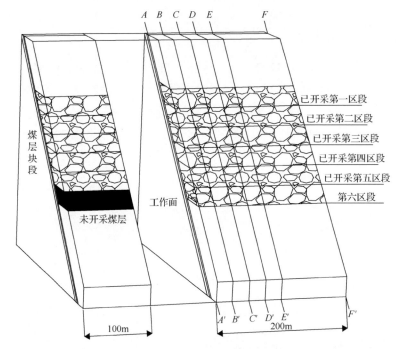

图 4.29　切片选取位置示意图

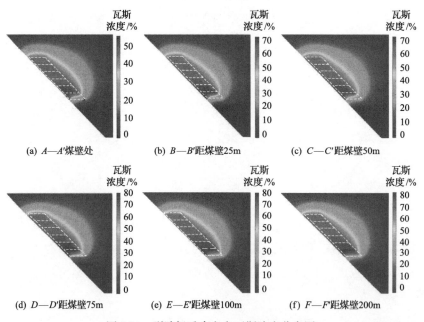

图 4.30　裂隙场垂直方向瓦斯浓度分布图

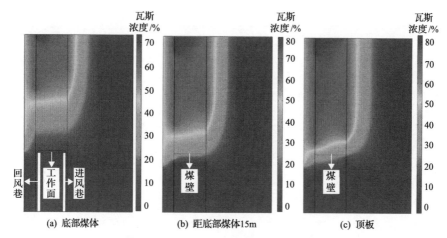

图 4.31　走向上第六区段瓦斯浓度分布图

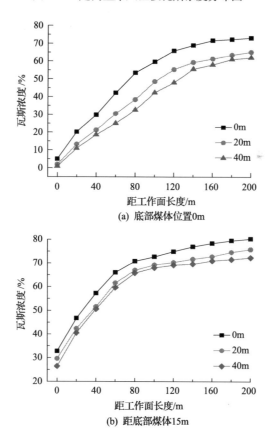

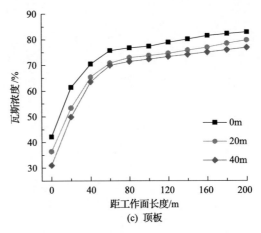

图 4.32　采动裂隙场瓦斯浓度曲线图

从图 4.30 看出，在垂直方向上，瓦斯的富集形态在三维空间呈长轴较长的类似椭抛体分布，其中瓦斯最富集区域位于第六区段顶部和第五区段底部，浓度高达 83%；自第五区段向上瓦斯浓度呈递减趋势，但是第一、二和三区段由于开采时间较长且远离开采区域影响边界而达到相对平衡状态，该部分浓度为 63%～70%，瓦斯浓度幅度变化较小；在第六区段因采动影响底部煤体卸压瓦斯持续涌出，故在开采层沿底部煤体卸压区也存在较高浓度的瓦斯；正在开采的第六区段工作面瓦斯浓度具有明显的分层特性，即瓦斯浓度由底部煤体到顶板逐渐增大，而在远离工作面的采空区深部，瓦斯浓度高，不同高度的瓦斯浓度却没有显著差异。

研究的相似模拟和数值模拟所得的裂隙为大尺度宏观裂隙及大面积的垮落空间，不包含煤炭层中的微细观尺度原生孔裂隙的分布及演化规律。对于急倾斜煤层分段开采矿井，工作面走向长度较长，而且乌东煤矿存在两个主采煤层，两个开采采区，工作面开采之后需要较长时间再进行下分段的开采。此时，上分段采空区遗煤经历较长时间的瓦斯解吸，因此在下分段开采时，工作面及底部煤体解吸的瓦斯是采空区瓦斯的主要来源。由于45#煤层存在地表露头，在由浅部水平向深部水平开采过程中，采空区遗煤解吸的瓦斯由于密度较空气小，使具有升浮特性的瓦斯在较好的升浮逸散的条件下，一部分瓦斯通过竖向裂隙通道向地表运移，一部分运移至受采动影响裂隙发育的围岩内，抵消了已采空间内瓦斯的升浮效果。综合以上多方面原因，出现上部已开采区段瓦斯略低于正在开采的第六区段瓦斯浓度，从图 4.31 看出，在水平方向上，切片云图中可以层次分明地得出瓦斯沿煤层走向方向上的瓦斯分布情况，即受工作面漏风影响较大，靠近工作面区域的瓦斯浓度普遍较低，各部分浓度变化较为显著；在漏风量较小的采空区深部区域，瓦斯具有较好的积聚条件，浓度普遍很高但浓度变化不明显；从工作面区域向采空区深部的方向上，各区域瓦斯浓度呈逐渐升高的趋势；采空区瓦斯从进风侧到回风侧出现"刀把"形的分布形态。

　　从图 4.32 看出，沿着采空区走向方向，从煤壁向采空区深部方向 0~80 m 的范围瓦斯浓度逐渐增加，其瓦斯浓度变化梯度较大；80~120m 范围内瓦斯浓度较大，但是其瓦斯浓度增加梯度随着与工作面的距离增大而减小；120m 以后瓦斯释放增加幅度明显降低。靠近回风巷其瓦斯浓度较大，靠近进风巷瓦斯浓度较低。三组图对比发现，同一位置不同高度上，底部煤体区域瓦斯浓度最低，尽管瓦斯浓度整体向采空区深部呈现上升趋势，漏风对较靠近底部煤体的采空区瓦斯分布的影响更大。

5 急倾斜煤层分段开采工作面底部
煤体瓦斯渗流规律

成煤和地质运动共同作用产生了瓦斯,其赋存受煤层埋深、地质构造、顶底板岩性等影响,其对煤矿工作人员的人身安全及煤矿的安全产生很大的威胁。针对急倾斜煤层分段开采的实际特点,工作面瓦斯来源主要有如下七个组成部分:开采分层工作面前方煤层卸压瓦斯涌出、采落煤体瓦斯涌出、工作面上部顶煤瓦斯涌出、工作面底部煤体卸压瓦斯涌出、采空区瓦斯涌出、邻近煤层瓦斯涌出、老空区瓦斯涌出。由于对急倾斜煤层分段开采,工作面底部为实体煤。急倾斜煤层分段开采后,在采动作用的影响下,工作面前方出现应力集中现象,底部煤体的原岩应力场发生改变,导致底部煤体应力也重新分布,进而引起裂隙的产生。加之工作面负压通风和瓦斯自身的升浮和扩散作用,大量瓦斯涌向工作面生产空间和采空区。底部煤体中的瓦斯是瓦斯涌出的重要组成部分,瓦斯的涌出强度受煤体的裂隙发育状态、应力环境和瓦斯在煤体中的渗流规律的影响,因此,本章通过分析底部煤体应力分布的规律,建立工作面开采过程中底部煤体应力模型,并将瓦斯压力分布模型耦合到底部煤体应力模型中,并建立底部煤体在应力集中、自卸压过程中的底部煤层瓦斯解吸、吸附及运移的数学模型。本章研究采动条件下,底部煤体的应力变化状态,并分析不同应力状态下的煤体瓦斯渗流情况,对底部煤体瓦斯抽采难易程度的区域进行合理判定,为瓦斯拦截抽采等提供依据。

5.1 急倾斜煤层分段开采底部煤体的应力演化规律

底部煤体的应力分布取决于工作面前方集中应力向底部煤体的传递,有可能使底板出现不同程度的破坏[134-138]。目前很多学者对急倾斜工作面底部煤体的应力分布进行了大量研究。马淑胤等[139]通过建立急倾斜工作面受力力学模型,并简化底板所承受的载荷,得到所有分区在载荷影响下的底部煤体应力。林峰[140]通过相似模拟实验研究出了推进过程中工作面底部煤体的应力变化情况。曹树刚等[141]依据楠木寺煤矿盘区巷道的布置条件,研究了其巷道煤体的应力分布，提出了较为有效的巷道布置方式。朱术云等[142]基于矿山压力理论，建立了底部煤体应力数学模型，并在弹性理论的基础上，对采动过程中沿工作面剖面处的应力演化规律进行研究。王明立[143]通过构建急倾斜煤层开采底板岩层力学模型，探讨了开采深度、采空区倾斜长度等对底板岩层稳定性的影响。石平五等[144]在研究造成大倾角煤层底板破坏的主要因素中，重点分析了不同采煤方法下的应力状况。孟祥瑞等[145]通过分析工作面前方支承压力的分布规律，构建了工作面底部任意位置的煤体应力数学计算模型，之后又结合莫尔-库仑强度准则提出底板岩体破坏的判别方法。王连国等[146]建立了采场工作面底部煤体的受力模型，并且选用半无限体空间理论，推导出了底部煤体的应力计算公式，进而得出了工作面底部煤体的应力变化规律。

在急倾斜煤层分段开采过程中，工作面的推进导致了底板围岩应力的不断变化，出现了明显的支承压力增长区和下降区，在走向上可划分为应力恢复区、卸压区、应力集中区和原岩应力区四个区。为了对急倾斜煤层开采时底部煤体的应力演化规律进行分析，根据矿压基本理论，考虑沿回采方向应力的变化状态，建立如图 5.1 所示的急倾斜分段开采工作面底部煤体受力模型[147]。

工作面煤层回采会形成采空区，上覆煤岩体会转移到采空区，进而在采空区四周出现了支承压力带[148]。一般利用支承压力分布范围和应力峰值等来体现支撑压力的特征。其中集中峰值为 $FM=K\gamma H$，γH 为原岩应力，K 为应力集中系数。

煤层采动之前，煤体是处于应力平衡状态；采动之后，随着工作面的掘进，打破了煤层内的应力平衡状态，进而导致应力重新分布，之后达到一个新的应力平衡状态，在此过程中会造成部分区域应力集中，即图 5.1 中的应力集中区。由于采空区的存在，煤层及其周围岩体将产生附加应力，在附加应力的作用下，底板可能会发生破坏。而应力集中区域的应力变化状态十分明显，产生的附加压力较大，当应力超过煤的强度极限后，煤体可能会产生变形，进而会对底板造成严重的破坏。因此选取应力集中区域，进行煤体应力分布的计算，如图 5.2 所示。

假设底部煤体应力的变化不受周围原岩应力的影响，则走向上煤壁至工作面前方呈现三角形状载荷和梯形状单元体荷载，如图 5.2 所示，则工作面下方任意位置的煤体应力可以看作这两个载荷往下应力的传递[149]。随着工作面的推进，超前支承压力将会向前移动，并且形成一定程度的应力升高区（又叫极限平衡区)和应力降低区(又叫弹性区)。由图 5.2 可知,工作面支承压力在煤壁附近的塑性区首先低于 γH,之后沿煤壁深处方向上,支承压力逐渐增大,在极限平衡区内应力达到 $K\gamma H$;之后开始逐渐下降,到达弹性区的 γH 或以下。取煤壁前方集中应力最大值处为坐标原点,取 a 为应力峰值距离支承压力边界 A 的长度,b 为煤壁距离应力峰值的长度。

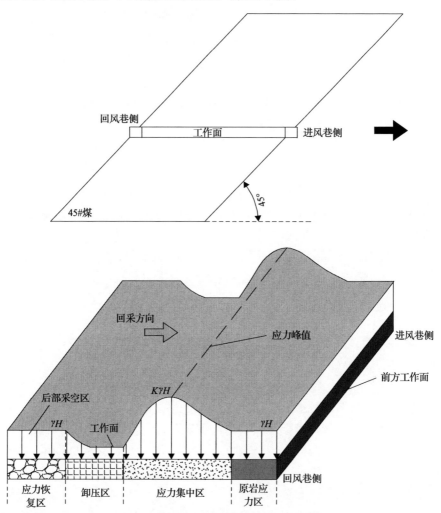

图 5.1 急倾斜煤层分段开采工作面底部煤体受力模型

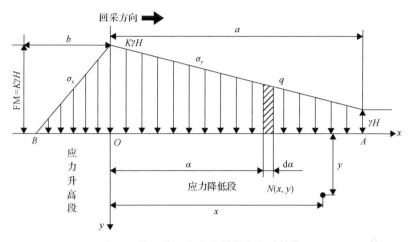

图 5.2　沿工作面走向的煤体应力计算模型

工作面超前极限平衡区内支承压力的计算公式[150]为

$$\sigma_y = N_0 \frac{1+\sin\varphi}{1-\sin\varphi} \mathrm{e}^{\frac{2fx(1-\sin\varphi)}{m(1+\sin\varphi)}} \tag{5.1}$$

式中，σ_y 为极限平衡区内的支承压力，MPa；f 为煤层间的摩擦系数；m 为煤层平均厚度，m；φ 为煤体内摩擦角，（°）；x 为极限平衡区内任一点到煤壁的距离，m；N_0 为煤壁的支撑力，MPa。

$$N_0 = \tau_0 \cot\varphi \tag{5.2}$$

式中，τ_0 为剪应力，MPa。

当支承压力到达峰值点时，有

$$\sigma_y = K_1 \gamma H \tag{5.3}$$

式中，K_1 为极限平衡区应力集中系数；γ 为底板岩层的容重，kN/m³；H 为埋深，m。

联立式(5.1)、式(5.2)、式(5.3)得到支承压力峰值点与煤壁之间的距离为

$$x = \frac{m(1+\sin\varphi)}{2f(1-\sin\varphi)} \ln \frac{(1-\sin\varphi)}{(1+\sin\varphi)} \frac{K_1\gamma H}{N_0} \tag{5.4}$$

弹性区支承压力的公式：

$$\sigma_y = K_2 \gamma H e^{-\frac{2f}{m\beta}(x-b)} \tag{5.5}$$

式中，β 为弹性区的侧压系数；K_2 为弹性区应力集中系数。

弹性区末端处的应力计算公式为

$$\sigma_y = \gamma H \tag{5.6}$$

联立式(5.5)和式(5.6)，化简得

$$a = x - b = \frac{m\beta}{2f} \ln K_2 \tag{5.7}$$

为了求得底板煤体任意一点 $N(x, y)$ 的应力，假设集中应力峰值附近的应力荷载为连续和线性的，距坐标原点 O 的距离为 α，此时所受的应力荷载为 $q(\alpha)$，之后取 $d\alpha$ 为微分线段，N 点距应力峰值的铅直距离和水平距离为 y 和 $x-\alpha$，则将 $qd\alpha$ 看作微分线段上所受的集中力，进而得出 $qd\alpha$ 向 N 点传递的应力为

$$d\sigma_y = -\frac{2qd\alpha}{\pi} \frac{y^3}{\left[y^2 + (x-\alpha)^2 \right]^2} \tag{5.8}$$

则所有的应力分布荷载对底板煤体任一点 $N(x, y)$ 所产生的应力为

$$\sigma_y = -\frac{2}{\pi} \left\{ \int_{-b}^{0} K_1 \gamma H \left(1 + \frac{\alpha}{b} \right) \frac{y^3}{\left[y^2 + (x-\alpha)^2 \right]^2} d\alpha \right.$$
$$\left. + \int_{0}^{a} \gamma H \left[K_2 + \frac{(1-K_1)\alpha}{a} \right] \frac{y^3}{\left[y^2 + (x-\alpha)^2 \right]^2} d\alpha \right\} \tag{5.9}$$

由乌东煤矿+575m 水平 45#煤层西翼综采工作面的现场资料，取煤层厚度 m=22m，煤层埋深 H=225m，取内摩擦角 φ=32°，煤层间的摩擦系数 f=0.4，

容重 $\gamma=20\text{kN/m}^3$，侧压系数 $\beta=1.63$，弹性区与极限平衡区的应力集中程度是不同的，极限平衡区与弹性区的应力集中系数 K_1、K_2 分别取 1.66 和 2。由式(5.7)计算得到 $a=31.07\text{m}$，$b=9.32\text{m}$。取 N 点的初始坐标为 (x, y)，用 MathCAD 软件分别对 AO、BO 段进行求解，得到底部煤体应力，如图 5.3 所示。

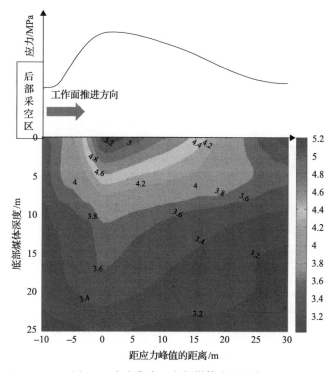

图 5.3　应力集中区底部煤体应力分布

　　底部煤体应力与底部煤体深度和距应力峰值的距离的关系如图 5.4 和图 5.5 所示。在应力峰值处底部煤体应力处于最大值，为 5.3MPa 左右，底部煤体应力最小值为原岩应力值 3MPa 左右。AO 和 BO 段底部煤体应力随着底部煤体深度的增加应力逐渐变小。AO 段底部煤体应力随着距应力峰值的距离增加，应力逐渐下降，并趋于原岩应力。另外，BO 段的底部煤体应力随着距应力峰值的距离负方向增加逐渐降低，越靠近应力峰值处(-2m)，应力越大。底部煤体应力是随着底部煤体深度的增加而降低的，AO 段底部煤体应力降低速度比 BO 段更快，相对于 BO 段，在 AO 段的底部煤体应力变化较明显。

总体来看，AO 段底部煤体的应力大于 BO 段，这是由于煤壁和采空区中间存在卸压区，该区释放了这部分区域煤层底板的应力，出现了应力卸载现象。

  在急倾斜煤层工作面回采过程中，煤层内的原岩应力平衡状态被打破，引起应力的重新分布，在此过程中底部煤体首先由初始的应力平衡状态变为应力集中状态，随后经过卸压恢复到原岩应力状态。以上研究了当煤层处在

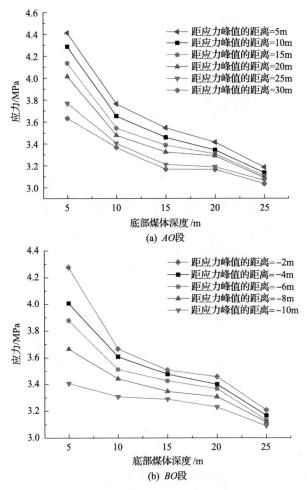

图 5.4 应力集中区底部煤体应力和底部煤体深度的关系

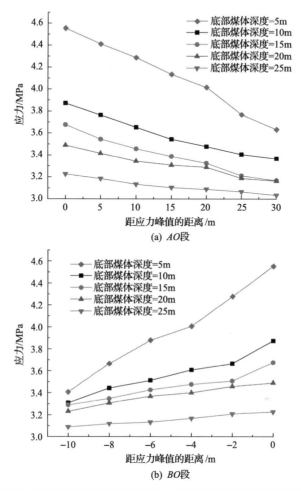

图 5.5　应力集中区底部煤体的应力和距应力峰值的距离的关系

应力集中区时不同深度的应力分布情况，之后研究当底部煤体经历应力集中区后恢复到原岩应力区(即应力恢复区)时底部煤体的应力分布情况。

首先建立应力恢复区的底部煤体应力计算模型，如图 5.6 所示，M 点的坐标为(x, y)。垂直应力 σ_y 为 γH，选取微元体 $\mathrm{d}x$，其载荷作用为 q，则载荷 q 工作面底部 M 点产生的应力分量为

$$\mathrm{d}\sigma_y = \frac{2q\sin^2\theta}{\pi}\mathrm{d}\theta \qquad (5.10)$$

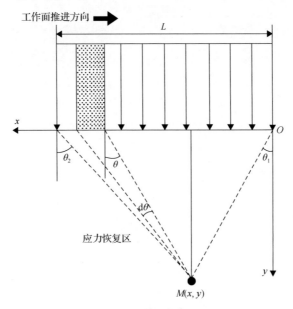

图 5.6　应力恢复区底部煤体应力计算模型

对式 (5.10) 积分可得

$$\sigma_y = \frac{q}{\pi}(\sin\theta_1\cos\theta_1 - \sin\theta_2\cos\theta_2 + \theta_2 - \theta_1) \tag{5.11}$$

根据底部煤体应力计算模型可知：

$$\sigma_y = \frac{q}{\pi}\left[\frac{xy}{x^2+y^2} - \frac{(L-x)y}{(L-x)^2+y^2} + \arctan\frac{L-x}{y} - \arctan\frac{x}{y}\right] \tag{5.12}$$

用 MathCAD 软件分别对应力恢复区进行求解，得到底部煤体的应力值，如图 5.7 所示。

从图 5.7 中可以看出，应力恢复区底部煤体应力在应力峰值处，底部煤体处于应力最大值的位置。底部煤体应力随着底部煤体深度的增加逐渐增加，并趋于原岩应力。底部煤体应力随着距应力峰值的距离增加逐渐增加，并趋于原岩应力。随着工作面的推进，后部采空区底板逐步被压实，底部煤体应力变化不显著，故随着距应力峰值的距离增加，底部煤体应力接近原岩应力。

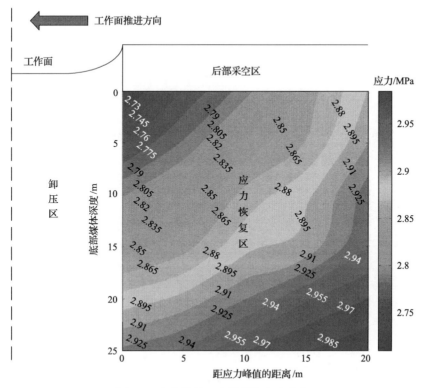

图 5.7　应力恢复区底部煤体应力分布

5.2　底部煤体应力对渗透性系数的影响

综采放顶煤采煤法等高强度开采产生的影响有两种，一种是使底部煤体采动影响范围和空间扩大；另一种是使底部煤体瓦斯流动、涌出发生根本性改变。因此，研究开采条件下采动应力场的时空演化过程，建立煤体应力与瓦斯渗流作用的模型，可为掌握瓦斯的流动、涌出与采动裂隙场的时空相关性，控制瓦斯突出、瓦斯爆炸等重特大事故提供理论基础。

对于大多数岩石，不同方向的渗透系数差异很大，裂隙岩体的渗流往往具有明显的各向异性。应力环境的改变将造成裂隙岩体渗流场的改变，进而影响渗透体积力的分布。分析应力渗流相互作用时，渗透系数-应力方程是不可缺少的控制方程，此方程又可称为渗流-应力耦合的本构方程。目前，围绕如何得到这样的方程展开的研究称为岩体渗流与应力耦合特性的研究。

周维垣[150]提出了渗透系数的计算公式：

$$K_{\mathrm{e}} = K_0 + A\left(\frac{ge^2}{4\upsilon l}\right)\frac{\sigma_{\mathrm{ne}} - \sigma_{\mathrm{n0}}}{K_{\mathrm{n}}} \tag{5.13}$$

式中，K_{e} 为有效法向应力 σ_{ne} 作用下的渗透系数，m/d；K_0 为初始应力 σ_{n0} 作用下的初始渗透系数，m/d；K_{n} 为裂隙法向刚度，N/m；υ 为流体的运动黏滞系数，m²/s；l 为裂隙的间距，m；e 为隙宽，m；A 为经验系数。

Louis[151]根据室内实验得出如下的应力和渗透系数的经验公式：

$$K_{\mathrm{e}} = K_0 \exp(-\alpha\sigma_{\mathrm{ne}}) \tag{5.14}$$

式中，K_0 为初始渗透系数，m/d；σ_{ne} 为煤体的有效法向应力，MPa；α 为经验系数。

耿克勤[152]认为各向同性渗流介质的渗透系数为

$$K = \frac{A}{(\sigma_{\mathrm{m}} + T)^n} \tag{5.15}$$

式中，K 为岩体的渗透系数，m/d；σ_{m} 为岩体应力，MPa；A、T 为试验获得的经验参数。

Kelsall 等[153]根据立方定律推导得到裂隙渗透系数与应力的计算公式：

$$\frac{K_{\mathrm{e}}}{K_{0\mathrm{e}}} = \frac{Q / \Delta H}{(Q / \Delta H)_0} = \frac{1}{\left[1 + A(\sigma_{\mathrm{ne}} / \zeta)^t\right]^3} \tag{5.16}$$

式中，$Q / \Delta H$ 为裂隙渗流量与水头差的比值；$(Q / \Delta H)_0$ 为有效应力为零时的裂隙渗流量与水头差的比值；A 为经验参数；t 为经验参数；ζ 为经验参数。

张金才等[154]在孔隙弹性力学的基础上，研究出了应力与渗透系数的表达式：

$$K_z = K_{oz}\left\{1 - \left(\frac{1}{K_{\mathrm{nx}}b_x} + \frac{1}{K_{\mathrm{nx}}s_x} + \frac{1}{E_{\mathrm{R}}}\right)\Delta\sigma_X\right\}^3 \tag{5.17}$$

式中，K_z 为沿 z 方向的渗透系数；K_{oz} 为沿 z 方向的初始渗透系数；K_{nx} 为沿 x 方向单位距离压力变化量，MPa/m；E_{R} 为岩块的弹性模量，MPa；s_x 为沿

x 方向的裂隙间距，m；b_x 为沿 x 方向的裂隙宽度，m；$\Delta\sigma_X$ 为应力增量，MPa。

李涛[155]采用连续介质模型，以立方定律和 Biot 经典耦合方程为基础，根据有效应力原理，提出应力对瓦斯渗流作用影响的耦合方程：

$$K(\sigma,p)=\frac{g}{12\upsilon c}e_0^2\mathrm{e}^{-\beta\left(\frac{I_1}{n}-\eta p_{\mathrm{w}}\right)}=K_0\mathrm{e}^{-\beta\left(\frac{I_1}{n}-\eta p_{\mathrm{w}}\right)} \tag{5.18}$$

式中，K_0，K 为初始渗透系数和渗透系数，m/d；p_{w} 为孔隙压力，MPa；η 为孔隙压力系数；β 为应力耦合系数；n 为维数；υ 为水的运动黏滞系数，m^2/s；e_0 为隙宽，m；I_1 为应力第一不变量，MPa。

Somerton 等[156]分析了在三轴应力情况下 N_2 及 CH_4 通过煤体裂纹的渗透性。Harpalani 等[157]研究了在应力载荷的作用下，瓦斯在煤样中的渗透特征。一些学者[158-160]将煤层赋存的地质条件考虑在内，利用物理实验对煤样的力学性质进行研究，分析了煤岩体与瓦斯渗流之间的固气耦合效应。我国学者研究了煤体的变形、煤体中的孔隙压力和煤体透气率之间的变化联系，重点研究了煤体的力学性质及流变特性等[161,162]，这些基本依据大大帮助了我国深入发展多物理场效应的瓦斯流动情况。梁冰等[163]发现可压缩流体的流动与瓦斯流动的原理是一致的，以此耦合出煤岩层瓦斯流动的数学理论模型。赵阳升[164]总结前人的经验，基于煤体瓦斯气固耦合的各种理论方法，阐述了瓦斯在煤岩体的流动过程。在研究渗流应力耦合特性方面，大部分学者得到的渗透系数与应力、应变关系的经验公式是直接通过渗流应力耦合试验得来的。虽然岩石渗流-应力耦合特性的一般规律能体现在这些表达式中，但它们只是体现了空间上的岩石渗透率的变化规律，而不能体现因某一位置的应力变化而产生渗透率变化的情况。而且在建立应力与渗流模型时，认为应力的唯一影响因素是渗流，只考虑了应力和渗透系数的关系，忽略了瓦斯压力的影响。根据前人的研究，采动条件下，渗流过程受瓦斯压力的影响较大。

为了更加准确地研究煤岩瓦斯渗流，本书采用连续介质模型，以 Biot 经典耦合方程为基础，根据有效应力原理，考虑瓦斯压力的影响，将煤层应力和瓦斯压力作为渗透系数的函数，并且引入渗透系数突跳倍率，考虑应力对渗流的影响，补充煤体应力与瓦斯渗流耦合方程[165]：

$$K(\sigma,p)=\xi K_0\mathrm{e}^{-\beta\left(\frac{\sigma_{\mathrm{n}}}{3}-\alpha p\right)} \tag{5.19}$$

式中，σ 为采动应力，MPa；σ_n 为初始应力，MPa；p 为孔隙水压力；ξ 为渗透系数突跳倍率；α 为孔隙水压系数；β 为耦合系数(应力敏感因子)。

此耦合方程通过渗透系数作为应力场和渗流场两场耦合的关键，展现了渗透系数与瓦斯压力、应力的函数关系。在考虑瓦斯压力的情况下，当某一位置的煤岩体应力变化时，可以通过此耦合方程计算出渗透率的变化规律。因为渗透系数的变化情况可以用瓦斯压力和应力的变化趋势得到，所以为掌握煤岩体应力场及瓦斯渗流的运移规律，研究瓦斯压力和应力的关系显得十分重要。

煤层瓦斯压力与采动应力呈正相关性，具有典型耦合效应的力学本质。含瓦斯煤体采动应力-瓦斯压力互馈效应的数学力学模型为[166]

$$\sigma_c = \frac{(1-f_0)E}{(1-f)(1-2\mu)}\left[\frac{aK_eRT}{N_mS}\ln\frac{1+bP_t}{1+bP_0} - K_y(P_t-P_0)+1\right] - \frac{E}{1-2\mu} \tag{5.20}$$

式中，σ_c 为煤层采动应力；f_0 为初始孔隙度；f 为采动后的孔隙度；E 为煤体弹性模量；S 为比表面积；R 为普适气体常数；T 为热力学温度；K_e 为比例系数；N_m 为气体摩尔体积；K_y 为 y 方向的煤体压缩系数；P_0 为初始瓦斯压力；P_t 为采动影响后煤层的瓦斯压力；μ 为泊松比。

受采动应力、瓦斯孔隙压力和煤体吸附应力的影响，煤体孔隙度是处在不停变化的状态。受采动影响后的孔隙度为 f，则有[167]

$$f = \frac{V_k}{V_z} \tag{5.21}$$

式中，V_z 为煤体的总体积，m^3；V_k 为煤体孔隙的总体积，m^3。

在采动应力的影响下，煤体的总体积和煤体孔隙的总体积均发生变化，此时的孔隙度为

$$f = 1 - \frac{V_g + \Delta V_g}{V_z + \Delta V_z} = 1 - \frac{1-f_0}{1+\varepsilon_V}\left(1 + \frac{\Delta V_g}{V_g}\right) \tag{5.22}$$

式中，ΔV_z 为煤体体积变化量，m^3；ΔV_g 为煤体骨架体积变化量，m^3；f_0 为煤体原始孔隙度；ε_V 为煤体体积总应变。

Kozeny[168]和 Carman[169,170]针对多孔介质提出了渗透系数 K 与孔隙度 f 的半经验理论的统一关系(简称 K-C 方程):

$$K = \frac{f^3}{5(1-f)^3}\left(\frac{D_{\text{eff}}}{6}\right)^2 \tag{5.23}$$

式中, D_{eff} 为平均粒子直径, 一般取 $0.0014\sim0.0016$ m。

联立式(5.19)、式(5.20)、式(5.23), 可得

$$\begin{cases} \sigma_c = \dfrac{(1-f_0)E}{(1-f)(1-2\mu)}\left[\dfrac{aK_0RT}{N_mS}\ln\dfrac{1+bP_t}{1+bP_0} - K_y(P_t - P_0)+1\right] - \dfrac{E}{1-2\mu} \\[3mm] K(\sigma,p) = \xi K_0 e^{-\beta\left(\frac{\sigma_n}{3}-\alpha p\right)} \\[3mm] K = \dfrac{f^3}{5(1-f)^3}\left(\dfrac{D_{\text{eff}}}{6}\right)^2 \end{cases} \tag{5.24}$$

根据底部煤体的应力分布情况, 结合式(5.24)中的三个方程, 以及具体的实验案例参数值, 便能解出确切的渗透系数。

式(5.24)得出的渗流-应力耦合的本构方程, 反映了岩体的瓦斯渗透系数随应力的增大而减小, 最后趋于一个稳定的值, 展现了瓦斯渗流与岩体应力耦合的特性。此耦合关系是在将主应力考虑在内的情况下, 将瓦斯压力作为基本变量, 考虑了瓦斯压力的影响, 反映出了渗流与应力的耦合非线性关系。

渗透系数与渗透率、瓦斯密度及动力黏滞系数的关系为[171,172]

$$K = \frac{k\rho g}{\eta} \tag{5.25}$$

式中, K 为渗透系数; k 为渗透率; ρ 为瓦斯的密度, 取 1kg/m^3; η 为瓦斯的动力黏滞系数, Pa/s, 取 1.087×10^{-5}Pa/s。

煤层透气性系数 λ 的计算为[173]

$$\lambda = \frac{Ak}{2p_n\mu} \tag{5.26}$$

式中, k 为煤层的渗透率, m^2; μ 为流体的绝对黏度, 取 5mPa·s; A 为单位换算系数, 瓦斯流速的单位由 m/s 换算成 m/d, 取 86400m/d; p_n 为标准状况

下的大气压力，取 0.101325MPa。

联立式(5.25)、式(5.26)，可得渗透系数的表达式：

$$K = \frac{2\zeta\rho\lambda g p_{n}}{A\mu} \tag{5.27}$$

式中，ζ 为渗透率突变系数。

5.2.1 应力集中区底部煤体渗透系数变化情况

当煤体受到采动影响时，在外力的作用下，其内部将产生新的裂隙，原有裂隙、孔隙发生变形，分布情况也会发生变化，这些变化也导致煤的渗透性能发生变化，使得瓦斯渗流状态也发生改变。根据 5.1 节中不同位置的应力分布、渗流理论模型及现场实际参数的情况，确定底部煤体不同位置的渗透系数分布情况，如图 5.8 所示。

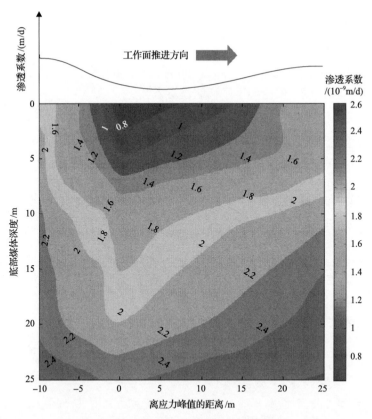

图 5.8　应力集中区底部煤体渗透系数分布

底部煤体渗透系数与距应力峰值的距离和底部煤体深度的关系如图 5.9 和图 5.10 所示。在集中应力峰值处，底部煤体的渗透系数到达最小值，为 6×10^{-10}m/d 左右。AO 和 BO 段底部煤体的渗透系数随着底部煤体深度的增加逐渐变大。AO 段底部煤体的渗透系数随着距应力峰值的距离增加而增加，并趋于原始渗透系数 2.7×10^{-9}m/d；另外，BO 段底部煤体渗透系数随着距应力峰值的负方向距离的增加逐渐增加，越靠近应力峰值，其底部煤体的渗透系数越小。结合 5.1 节的介绍，随着底部煤体深度的增加，垂直方向上的应力逐渐降低，受力改变也使得煤体微结构发生变化，孔隙、裂隙不再闭合，使渗透系数呈现增大的趋势。BO 段底部煤体的渗透系数要大于 AO 段，而且随着

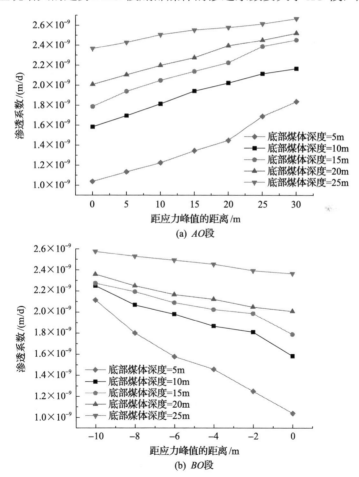

图 5.9　应力集中区底部煤体渗透系数和距应力峰值的距离的关系

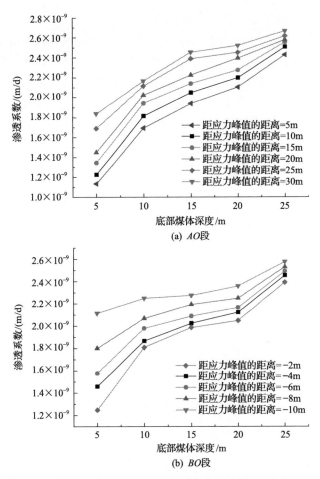

图 5.10　应力集中区底部煤体渗透系数和底部煤体深度的关系

底部煤体深度的增加，渗透系数变化得更显著。这是因为应力升高区 *BO* 段位于工作面前方 0~10m 的范围内，其后部是卸压带，底部煤体在应力集中的作用下，呈现前方受水平挤压作用，后方受水平拉张作用的应力状态，从而导致卸压带的底部煤体由于拉张作用在垂直方向上开裂，形成张裂隙，产生新的结构面，再加上原有裂隙在张力的作用下张开、扩大，使得底部煤体的渗透能力增强，渗透系数变大。在整个应力集中区，应力峰值附近的底部煤体的渗透系数小于 1.0573×10^{-9} m/d，这部分处于瓦斯较难抽采的区域；除应力峰值附近外，其他地方的底部煤体的渗透系数都比 1.0573×10^{-9} m/d 大，这部分区域处于瓦斯容易抽采的区域。应力集中区的应力变化状态十分明显，产生的附加压力较大，特别是应力峰值处。在应力峰值附近，底部煤体所受应力将会接近或达到煤的强度极限，这部分煤体将会在压应力下发生屈服变形，其中的裂隙孔隙被迅速压缩，底部煤体的渗透系数也急剧减小，因而在抽采瓦斯时，要特别考虑集中应力峰值处的情况。

5.2.2 开采过程中底部煤体渗透系数变化情况

5.2.1 节研究了工作面前方煤层处在应力集中区时不同底部煤体深度的煤体渗透系数的分布情况，本小节选取距底板深度为 0m、5m、10m、15m、20m、25m 处的煤体为对象，研究当底部煤体经历初始原岩应力区、应力集中区、应力恢复区的渗透系数的变化情况，如图 5.11 所示。

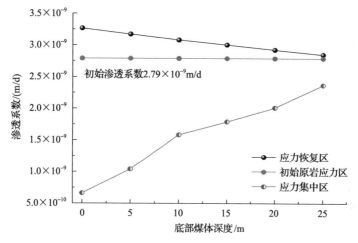

图 5.11 底部煤体渗透系数的分布情况

在未采动之前，底部煤体处于应力平衡状态，煤层初始渗透系数为 2.79×10^{-9}m/d。采动之后形成采空区，期间受工作面掘进的影响，煤层内的应力平衡状态发生改变，应力平衡被打破，在此过程中会造成部分区域应力集中，之后经应力恢复区恢复到原岩应力。当工作面前方煤层到达应力集中区的应力峰值时，底部煤体的渗透系数随底部煤体深度的增加而增加，并趋于初始渗透系数。在深度为 0~5m 时，渗透系数小于 1.0573×10^{-9}m/d，处于瓦斯较难抽采区域；深度大于 5m 时，渗透系数总体处在 $1.0573 \times 10^{-9} \sim 2.5 \times 10^{-9}$m/d，属于瓦斯可以抽采区域。当处在应力恢复区时，底部煤体的渗透系数随底部煤体深度的增加而降低，并趋于补始渗透系数初值，底部煤体的渗透系数都大于 2.79×10^{-9}m/d，整体都属于瓦斯可以抽采区域。应力集中区的底部煤体的渗透系数变化状态相对于应力恢复区不明显。处在初始原岩应力区和应力集中区的底部煤体的渗透系数相对于应力恢复区要小，这是因为在应力集中区，由于煤体在外力作用下压缩变形，裂纹及大量孔隙压缩甚至闭合，使煤体的渗透性降低，瓦斯渗流的速度也减小。总体来说，当工作面前方煤体经历初始原岩应力区、应力集中区、应力恢复区的底部煤体的渗透系数变化趋势是先减小后增大，这是因为底部煤体采动后卸压膨胀，底部煤体受到破坏，采动煤体结构因采动后发生了较大的变化，渗透系数减小；之后底部煤体应力又恢复，底板煤体重新压实，故其渗透系数又相应的增大。

5.3　底部煤体的瓦斯渗流规律

根据上述研究，急倾斜煤层水平分段开采之后，开采分段底部煤体的应力在工作面后方形成卸压区。卸压区内产生采动裂隙，透气性显著增加，其煤体中含有的游离瓦斯在压力差的作用下，会沿着原生裂隙和采动裂隙流向回采空间，同时由于瓦斯压力发生改变，吸附瓦斯经历一个由吸附向游离转化的过程，继续对游离瓦斯进行补充。卸压瓦斯流动过程如图 5.12 所示。

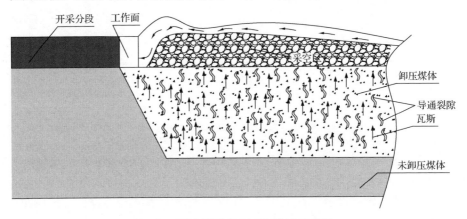

图 5.12　底部煤体卸压瓦斯流动示意图

随着开采工作面向前推进，开采分段底部煤体沿着煤层走向可以分为三个带状区域，如图 5.13 中初始开采时期 t_1 所示，即应力恢复带、卸压带及应力集中带。在卸压带，受上部采动影响，煤层发生破坏，应力大幅度降低，煤层透气性增加，卸压带的瓦斯产生渗流增量；随着工作面采空区的压实，形成应力恢复带，煤体中的煤层透气性出现相对卸压带降低，但是该区域的透气性相对与原始透气性还是要高。随着工作面向前推进到开采时刻 t_2，工作面底部应力"三带"随之向前移动，造成底部煤体卸压瓦斯抽采的最优区域也就相应向前移动。弄清卸压带内瓦斯流动规律，对于急倾斜煤层水平分段开采卸压瓦斯拦截抽采技术优化，以及钻孔布置意义显著，在此基础上能够为急倾斜煤层水平分段开采工作面的瓦斯涌出量计算提供一个理论参考依据。

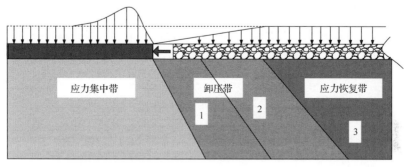

(a) t_1时刻

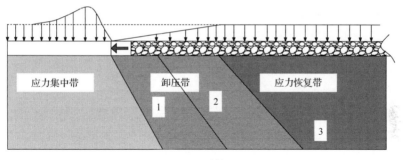

(b) t_2时刻

图 5.13 不同时刻底部煤体的应力"三带"分布

5.3.1 底部煤体卸压瓦斯运移数学模型的基本假设

煤层开采过程中，采动应力、裂隙、瓦斯之间的耦合关系是一个极其复杂的问题，也是当前进行卸压瓦斯抽采理论研究的一个热点问题。在采动影响下瓦斯流动与应力之间的耦合，主要涉及煤层瓦斯的吸附/解吸、扩散、渗流运动与煤层应力之间的耦合。由于研究问题的复杂性，对急倾斜煤层采动影响下的底部煤体瓦斯渗流、应力耦合作如下假设。

（1）瓦斯在煤体中主要以游离态和吸附态的形式存在，且瓦斯吸附状态的计算用朗缪尔等温吸附方程。

(2) 瓦斯的吸附/解吸为非平衡吸附/解吸。

(3) 瓦斯在煤岩体中的渗流运动符合达西定律,扩散运动符合菲克定律。

(4) 在相同的标高上,原煤瓦斯压力、瓦斯浓度相同。

(5) 游离瓦斯和煤体运动的惯性力、瓦斯的体积力忽略不计。

(6) 应力、应变的符号法则与弹性力学相同,压为负,拉为正,煤层发生塑性变形和拉伸破坏。

(7) 忽略煤层温度变化对孔隙度、透气性两个参数的影响。

(8) 卸压煤体为弹塑性材料,以 Drucker-Prager 准则描述剪切屈服及塑性流动。

5.3.2 底部煤体卸压瓦斯运移数学模型

5.3.2.1 卸压煤层的应力场

在采动作用下,煤层变形控制方程包含应力平衡微分方程、几何方程、本构方程 3 种方程。

1) 应力平衡微分方程

应力平衡微分方程为

$$\sigma'_{ij,j} + (\alpha p \delta_{ij,j}) + f_i = 0 \tag{5.28}$$

式中,α 为 Biot 系数,$\alpha = 1 - K/K_s$,K 为煤岩体积模量,MPa,K_s 为煤岩骨架颗粒体积模量,MPa;p 为瓦斯压力,MPa;δ_{ij} 为 Kronecker 函数;f_i 为应力,N。

2) 几何方程

变形与位移的关系可表示为

$$\varepsilon_{ij} = \frac{1}{2}(u_{i,j} + u_{j,i}) \quad (i, j = x, y, z) \tag{5.29}$$

式中,ε_{ij} 为应变张量,m;$u_{i,j} + u_{j,i}$ 为微元体位移,m。

3) 本构方程

$$\sigma_{ij} = \frac{E}{1+\mu}\varepsilon_{ij} + \frac{\mu E}{1+\mu(1-2\mu)}\varepsilon'_{kk}\delta_{ij} \tag{5.30}$$

式中,σ_{ij} 为应力,N;E 为弹性模量;μ 为泊松比;ε'_{kk} 为有效体积应变,且 $\varepsilon'_{kk} = (1-2\mu)\Theta'/E$,$\Theta' = \sigma_x + \sigma_y + \sigma_z$ 为体积应力。

将几何方程(5.29)和本构方程(5.30)代入式(5.28)，可以得到采动煤岩体变形控制方程为

$$G\sum_{j=1}^{3}\frac{\partial^2 u_i}{\partial x_j^2}+\frac{G}{1-2\mu}\sum_{j=1}^{3}\frac{\partial^2 \mu_j}{\partial x_j x_i}+\alpha\frac{\partial p}{\partial x_i}+f_i=0 \tag{5.31}$$

式中，G 为拉梅常数。

在采动应力作用下，底部煤体卸压带的煤体还有屈服变形，常用 Drucker-Prager 准则描述，即煤岩材料发生破坏的条件与塑性势函数 Q 有关，即：

$$\mathrm{d}\varepsilon_{ij}^p = \mathrm{d}\lambda\frac{\partial Q}{\partial\sigma_{ij}} \tag{5.32}$$

式中，$\mathrm{d}\lambda$ 为非负的塑性标量因子。

如果判定材料的破坏(屈服)条件为 $f=0$，那么破坏条件与塑性势函数有

$$Q = f \tag{5.33}$$

在莫尔-库仑强度准则中，屈服条件为

$$f = \sigma_1 - \sigma_3 N_\phi + 2C\sqrt{N_\phi} = 0 \tag{5.34}$$

根据前文分析，满足莫尔-库仑强度准则的屈服条件的势函数为

$$Q = \sigma_1 - \sigma_3 N_\phi + 2C\sqrt{N_\phi} \tag{5.35}$$

式中，C 为内聚力，MPa；ϕ 为内摩擦角，(°)。

对于 Drucker-Prager 准则，屈服条件为

$$f^s(\sigma_\mathrm{m}\tau*) = \tau* + q_\varphi\sigma_\mathrm{m} - k_\varphi \tag{5.36}$$

其中：

$$\tau* = \sqrt{\frac{1}{6}\Big[(\sigma_{11}-\sigma_{22})^2 + (\sigma_{22}-\sigma_{33})^2 + (\sigma_{33}-\sigma_{11})^2\Big]} + \sigma_{12}\sigma_{21} + \sigma_{23}\sigma_{32} + \sigma_{31}\sigma_{13} \tag{5.37}$$

$$\sigma_\mathrm{m} = \sigma_{ij}\delta_{ij}/3 \tag{5.38}$$

在平面应变状态下，用内切锥拟合得到 q_φ、k_φ 与内聚力 C、内摩擦角 φ 之间的关系：

$$q_\varphi = \frac{3\tan\varphi}{\sqrt{9+12\tan^2\varphi}}, \quad k_\varphi = \frac{3C}{\sqrt{9+12\tan^2\varphi}}$$

此时塑性势函数 Q 为

$$Q = \tau^* + q_\varphi \sigma_\mathrm{m} - k_\varphi \tag{5.39}$$

在煤岩体破坏中，拉伸破坏也是常见的破坏之一，其判定拉伸破坏的公式可用：

$$Q_\mathrm{t} = \sigma_\mathrm{m} - \sigma_\mathrm{t}$$

式中，Q_t 为拉伸势；σ_m 为拉应力；σ_t 为材料的抗拉强度，MPa。

在拉伸破坏和剪切破坏中可能产生奇异点，这些点为

$$h = \tau - \tau^p - \alpha^p(\sigma_\mathrm{m} - \sigma_\mathrm{t}) \tag{5.40}$$

式中，$\tau^p = k_\varphi - q_\varphi\sigma^t$；$\alpha^p = \sqrt{1+q_\varphi^2} - q_\varphi$。

5.3.2.2 采动影响下底部煤体瓦斯流动方程

1）连续性方程

将底部煤体卸压带中的孔裂隙系统看作统一系统，其中孔隙系统是裂隙系统的补充源，其质量连续性方程为

$$\frac{\partial(\rho\phi)}{\partial t} + \frac{\partial C_\mathrm{a}}{\partial t} + \nabla(\rho V) + \nabla J_\mathrm{c} = 0 \tag{5.41}$$

式中，ρ 为瓦斯气体的密度，$\mathrm{kg/m^3}$；ϕ 为孔隙度；C_a 为吸附状态的煤层瓦斯质量浓度，$\mathrm{kg/m^3}$；J_c 为吸附状态的煤层瓦斯质量扩散通量，$\mathrm{kg/(m^2 \cdot s)}$；$V$ 为游离瓦斯渗流速度矢量，$\mathrm{m/s}$；∇ 为哈密顿算子。

2）煤层瓦斯的状态方程

将瓦斯看作真实气体，瓦斯密度与煤层温度和瓦斯压力的关系如下：

$$\rho = \frac{M_\mathrm{g}P}{ZRT} \quad \text{或者} \quad \rho = \frac{\rho_\mathrm{n}P}{ZP_\mathrm{n}} = \beta P \tag{5.42}$$

式中，T 为含瓦斯煤岩体的热力学温度，K；M_g 为瓦斯气体分子量，$\mathrm{kg/(K \cdot mol)}$；$Z$ 为大气压下瓦斯的压缩因子，取 1；R 为瓦斯的摩尔常数，$8.3143\mathrm{J/(kg \cdot K)}$；$\rho_\mathrm{n}$ 为标准大气压下瓦斯的气体密度，$\mathrm{kg/m^3}$；P_n 为标准大

气压，通常取 0.1MPa； β 为瓦斯的压缩系数。

3）煤层瓦斯的浓度方程

煤层瓦斯的浓度方程为

$$C = C_f + C_a = \frac{\rho_n \phi P}{P_n} + \frac{\rho_n abcP}{1+bP} \qquad (5.43)$$

式中，C 为瓦斯浓度；C_f 为孔隙瓦斯浓度，kg/m³；ϕ 为孔隙度；C_a 为吸附瓦斯浓度，kg/m³；a 为极限吸附量，kg/m³；b 为煤的 Langmuir 压力参数，MPa⁻¹；c 为系数。

4）煤层瓦斯的运动控制方程

底部煤层卸压带内煤岩体的瓦斯流动符合 Darcy 定理：

$$V = -\frac{k}{u}\nabla p \qquad (5.44)$$

式中，V 为渗流速度，m/s；k 为渗透率，m²；u 为黏度，Pa·s；∇ 为哈密顿算子。

瓦斯从煤粒中的涌出符合菲克定律：

$$J = -D\frac{\partial C_d}{\partial t} \qquad (5.45)$$

式中，J 为扩散速度，kg/(s·m²)；D 为扩散系数，m²/s；C_d 为扩散流体的质量浓度，kg/m³；t 为时间，s。

将相关的公式代入式(5.40)获得底部煤体卸压带内瓦斯流动方程为

$$\beta_p \frac{\partial \phi}{\partial t} + \beta\phi\frac{\partial p}{\partial t} + \frac{\partial}{\partial t}\left(\frac{\rho_n abcP}{1+bP}\right) + \nabla\left(-\rho\frac{k}{u}\nabla p\right) + \nabla\left[-D\left(\frac{\rho_n abcP}{1+bP}\right)\right] = 0 \quad (5.46)$$

式中，∇ 为哈密顿算子；t 为时间，s；a 为极限吸附量，kg/m³；b 为煤的 Langmuir 压力参数，MPa⁻¹；c 为系数；u 为黏度，Pa·s；D 为扩散系数，m²/s。

5.3.2.3　煤层变形和瓦斯运移的耦合关系

底部卸压带煤体中的瓦斯流出后，煤层瓦斯压力下降，导致底部卸压带煤体中的有效应力发生改变，煤体骨架应力重新分布，煤体发生变形，最终表现为底部卸压带煤体的孔隙度和渗透性发生改变。另外，其底部卸压带煤体的变形造成的孔隙度和渗透性改变，直接影响卸压带中瓦斯的流动。不难发现，二者之间的耦合关系是通过孔隙度和渗透性建立的。

1) 卸压带孔隙度

考虑瓦斯压力、吸附/解吸对孔隙度的影响，孔隙度表达式为

$$\phi = 1 - \frac{1 - \phi_0}{1 + \varepsilon_v}(1 - K\Delta p + \varepsilon_s) \tag{5.47}$$

式中，ϕ_0 为初始孔隙度；ε_v 为煤体积应变；K 为体积模量，MPa；Δp 为压力变化，MPa；ε_s 为骨架应变。

为了便于气固耦合数值计算，在数值模拟过程中，忽略温度及压力变化的影响，这是因为式 (5.47) 与忽略二者影响的孔隙度关系式很接近，即

$$\phi = \frac{\phi_0 + \varepsilon_v}{1 + \varepsilon_v} \tag{5.48}$$

孔隙度的变化率可用式 (5.49) 表示：

$$\frac{\partial \phi}{\partial t} = \alpha \frac{\partial \varepsilon_v}{\partial t} + \frac{1 - \phi}{K_s}\frac{\partial p}{\partial t} \tag{5.49}$$

式中，α 为系数。

2) 渗透率动态变化

煤岩体发生破坏后，渗透率将出现阶跃突变。考虑到煤层开采后，底板应力的重新分布，煤体将发生弹性变形和塑性变形，因此，煤岩体的渗透率变化应该表述如下。

当煤岩体变形处于弹性阶段时，渗透率与孔隙度的关系为

$$k = \frac{k_0}{1 + \varepsilon_v}\left(1 + \frac{\varepsilon_v}{\phi_0}\right)^3 \tag{5.50}$$

实验和现场研究表明，煤岩发生破坏后，其煤体中的渗透率会发生突变。当发生剪切破坏时，卸压带煤体中的渗透率突变表示为

$$k = \begin{cases} \dfrac{k_0}{1 + \varepsilon_v}\left(1 + \dfrac{\varepsilon_v}{\phi_0}\right)^3, & D_s = 0 \\ \varsigma k_0 \mathrm{e}^{-\alpha_\phi \bar{\delta}_v}, & D_s > 0 \end{cases} \tag{5.51}$$

当发生拉伸破坏时，卸压带煤体中的渗透率突变表示为

$$k = \begin{cases} \dfrac{k_0}{1+\varepsilon_v}\left(1+\dfrac{\varepsilon_v}{\phi_0}\right)^3, & D_s = 0 \\[3mm] \xi k_0 \mathrm{e}^{-\alpha_\phi \overline{\delta_v}}, & 0 < D_s < 1 \\[3mm] \xi' k_0 \mathrm{e}^{-\alpha_\phi \overline{\delta_v}}, & D_s = 1 \end{cases} \tag{5.52}$$

式中，k_0 为煤体原始渗透率，m^2；D_s 为实验获得的损伤系数；ς、ξ、ξ' 分别为压应力峰值应变、拉应力峰值应变和拉伸破坏的渗透率突变系数；α_ϕ 为耦合系数，可取 $\alpha_\phi = \dfrac{9(1-2\mu)}{E}$；$\mu$ 为泊松比；E 为煤体的弹性模量，MPa；$\overline{\delta_v}$ 为有效应力，拉应力为正，$\overline{\delta_v} = (\sigma_1 + \sigma_2 + \sigma_3)/3 + \alpha P$。

进一步可以得到采动煤岩体瓦斯流动方程：

$$\left\{\left[\beta p\dfrac{1-\phi}{K_s} + \beta\left(\dfrac{\phi_v + \varepsilon_v}{1+\varepsilon_v}\right) + \dfrac{\rho_n abcP}{(1+bP)^2}\right]\dfrac{\partial p}{\partial t} + \nabla\left(-\rho\dfrac{k}{u}\nabla p\right) + \nabla\left[-D\nabla\left(\dfrac{\rho_n abcP}{1+bP}\right)\right]\right\}$$
$$= \alpha\beta p\dfrac{\partial \varepsilon_v}{\partial_t}$$

$$\tag{5.53}$$

式(5.53)中，左边第一项表示煤层中煤层瓦斯储存系数，包括煤基质内瓦斯压力改变对煤基质骨架压缩变形引起的气体体积，瓦斯压力变化造成的孔隙、裂隙开度变化的体积，由于瓦斯吸附/解吸引起的膨胀/压缩而产生的体积，以及游离状态瓦斯所占有的气体体积和吸附状态瓦斯占有的体积，这直接影响到含瓦斯煤的孔隙度、渗透率。左边的第二项是卸压瓦斯在卸压带孔裂隙系统的运移；左边第三项是孔隙中的吸附瓦斯以扩散的形式流入裂隙系统。右边项是外力作用引起有效应力变化，进而因煤岩骨架变形出现的气体体积，是外力作用下煤层变形与瓦斯压力改变的耦合项。

5.3.2.4 采动影响下卸压瓦斯运移数学模型

上述建立的是采动影响下瓦斯的流动方程，式中包含了煤岩的体积应变与孔隙度、渗透率等中间变量，而中间变量直接受到煤层瓦斯压力和采动应力的影响，因此需将上述瓦斯流动方程与应力场方程、孔隙度方程和渗透率

方程联立，则采动影响下卸压瓦斯运移数学模型为

$$
\begin{cases}
G\sum_{j=1}^{3}\dfrac{\partial^2 \mu_i}{\partial x_j^2} + \dfrac{G}{1-2v}\sum_{j=1}^{3}\dfrac{\partial^2 \mu_j}{\partial x_j x_i} + \alpha\dfrac{\partial P}{\partial x_i} + f_i = 0 \\[2mm]
\left[\beta p\dfrac{1-\phi}{K_s} + \beta\phi + \dfrac{\rho_n abcP}{(1+bP)^2}\right]\dfrac{\partial P}{\partial t} + \nabla\left(-\rho\dfrac{k}{u}\nabla p\right) \\[2mm]
\quad + \left\{D\rho_n\left[\dfrac{2ab^2c}{(1+bP)^3}\right](\nabla P)^2 - \dfrac{abc}{(1+bP)^2}\nabla^2 P\right\} = -\alpha\beta P\dfrac{\partial \varepsilon_v}{\partial t} \\[2mm]
\phi = \dfrac{\phi_0 + \varepsilon_v}{1+\varepsilon_v} \\[2mm]
k = \dfrac{k_0}{1+\varepsilon_v}\left(1+\dfrac{\varepsilon_v}{\phi_0}\right)^3
\end{cases}
\tag{5.54}
$$

式 (5.54) 中含有瓦斯压力项，即卸压带煤体的有效应力受到瓦斯压力的影响；而体积应变和瓦斯压力共同表示了渗透率方程和孔隙度方程。由此说明上述模型自身是完全耦合的，具体耦合如图 5.14 所示。

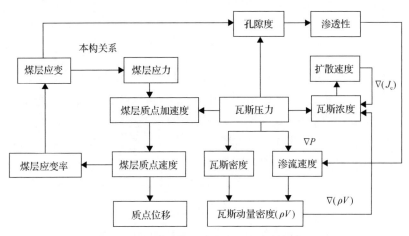

图 5.14　卸压带瓦斯流动与应力、应变耦合过程

式 (5.54) 综合考虑了瓦斯的吸附/解吸与卸压带的应力、变形和瓦斯渗流、扩散之间的耦合过程。模型通过建立的随外部应力和瓦斯压力变化的动态孔隙度、渗透率模型将应力场与渗流场有机耦合。模型属于抛物线方程，且其

本身极其复杂，对于具体的工程问题想要得出解析解基本是不可能的，往往只能通过计算机在给定对应的定解条件下求出对应的数值解。

5.3.3 底部煤体卸压瓦斯运移数学模型的应用

5.3.3.1 几何模型

为了获得水平分段开采底部煤体瓦斯运移规律，且在第 4 章已经描述了瓦斯在倾向上的运移规律，因而本次建立沿煤层走向的平面二维模型。模型长度为 400m，高度为 155m，其中开采分层厚度为 25m，上部为顶板 30m，上部岩体载荷以加载应力的形式加载在顶板上，下部为 100m，根据前文分析卸压区沿倾向不均匀分布，但在沿煤层走向方向上，卸压区基本沿采空区中部对称分布。在此设置卸压区深度为 30m，模拟开采长度为 200m。几何模型示意图如图 5.15 所示。

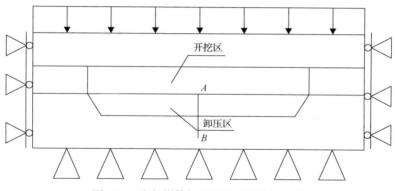

图 5.15   底部煤体卸压瓦斯运移几何模型

5.3.3.2 初始条件和边界条件

1）初始条件

底部煤体卸压带由于受到上部煤体开采的影响，其煤层透气性发生变化，随着距离开采分段的距离增大而减小，煤体瓦斯浓度随着埋深增加而增大，其瓦斯浓度梯度为 1.63m³/(t·hm)，模型底部煤体初始瓦斯浓度为 6.43m³/t，底部煤体初始煤层瓦斯浓度按照 $y=5.21+1.63h$ 设置，其他煤体的物性参数按照表 5.1 进行设置。

表 5.1　数值模型参数

参数名称	值	参数名称	值
煤的弹性模量/MPa	3000	煤的泊松比	0.29
煤的密度/(kg/m³)	1310	内摩擦角/(°)	41
煤的初始孔隙度/%	6.43	内聚力/MPa	3.0
初始渗透率/m²	2.5×10^{-18}	煤层温度(恒定)/K	291
煤的最大吸附量/(m³/kg)	25.7856×10^{-3}	煤中水分/%	3.26
煤的吸附参数/MPa⁻¹	1.1050	扩散系数/(m²/d)	2.16×10^{-3}
煤中灰分/%	5.59	瓦斯初始密度/(kg/m³)	0.717

2) 边界条件

如几何模型，在模型顶部施加应力边界条件，左右端边界设置为固定方向约束，模型底部采用固定边界。对于瓦斯流动边界，在煤层开采边界设置为雷诺边界，在模型底部及左右两端设置为狄利克边界条件。

5.3.3.3　模拟结果及分析

采场周围瓦斯流动分布如图 5.16 所示。受采动影响，底部煤体在一定范围内卸压，其卸压范围内煤层渗透率成倍增长，由于采空区气体压力远小于底部高压瓦斯，底部高压瓦斯将快速通过底部渗流、扩散进入采空区，使底部卸压煤体瓦斯浓度降低；另外，瓦斯也会流向工作面，上述瓦斯源是影响

瓦斯浓度
/(m³/t)

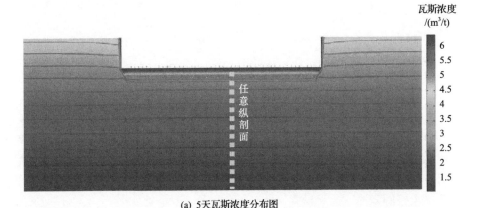

(a) 5天瓦斯浓度分布图

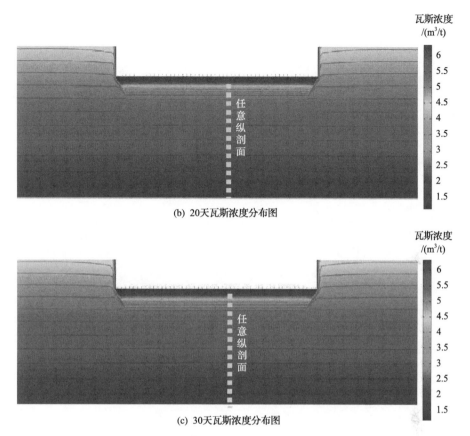

瓦斯浓度
/(m³/t)

(b) 20天瓦斯浓度分布图

瓦斯浓度
/(m³/t)

(c) 30天瓦斯浓度分布图

图 5.16 底部煤体卸压瓦斯随时间变化的分布规律

工作面瓦斯超限的因素之一。由于采场下伏横三区的形成，在应力集中区，煤层瓦斯浓度具有增大趋势，这是因为煤层受采动影响，应力集中区煤体的孔隙、裂隙被压密，形成了瓦斯压力的集中。瓦斯压力、瓦斯浓度在下部形成了压力稳定区、压力增加区及瓦斯压力降低区。

图 5.17 为图 5.16 中底部煤体任意纵剖面上瓦斯压力的变化曲线图，其中 $t=0$ 为整条曲线上瓦斯压力的初始值。从图 5.17 中看出，随着时间的推移，瓦斯压力的变化越来越小，即不同深度的瓦斯压力变化梯度逐渐减低，第 40 天的瓦斯压力与第 30 天的瓦斯压力变化并不大，因此对第 40 天的瓦斯压力与原始瓦斯压力之间计算得到不同深度的底部煤体的排放率，其得到的结果如图 5.18 所示。

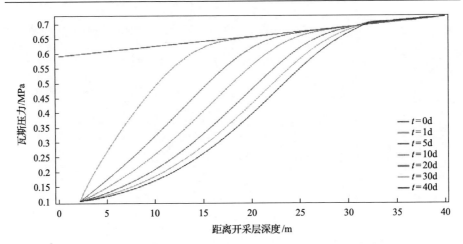

图 5.17　底部煤体任意纵剖面上的残余瓦斯压力变化曲线

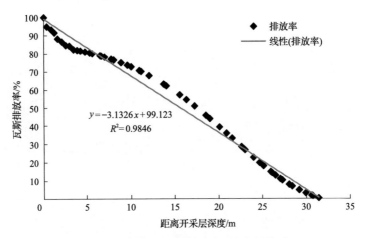

图 5.18　排放率与距离开采层深度的关系

从图 5.18 获得瓦斯排放率与距离开采层深度的关系如下：

$$\lambda_i = -3.1326h + 99.123, \quad R^2 = 0.9846 \tag{5.55}$$

从上述关系发现：底部煤体瓦斯排放率与距离开采层深度呈负线性关系，二者的关系对后续进行急倾斜煤层分段开采瓦斯涌出量预测方法的研究至关重要。

6 急倾斜煤层分段开采瓦斯涌出量预测方法

急倾斜煤层分段开采后，底部煤体卸压瓦斯流向采空区，对采空区瓦斯涌出进行补充；工作面负压通风，采空区瓦斯会在负压的作用下流向工作面空间，在靠近回风巷的区域形成瓦斯聚集，甚至是瓦斯超限。第 5 章对卸压瓦斯运移进行了研究，但是卸压瓦斯涌出量尚未有明确的计算公式，这不利于后续的卸压瓦斯拦截抽采设计和优化工作。因此，本章主要是在前述章节的基础上，通过现场实测的方法，分析工作面的瓦斯涌出及运移规律，在此基础上建立急倾斜煤层分段开采瓦斯涌出量预测方法，从而为后续进行瓦斯抽采优化提供理论支撑。

6.1 急倾斜煤层分段开采瓦斯涌出及运移规律分析

6.1.1 煤层瓦斯参数的测定

瓦斯压力、瓦斯浓度是煤层瓦斯基本参数中的关键参数，也是对瓦斯涌出分析和瓦斯灾害治理的基础数据。瓦斯压力和瓦斯浓度常采用直接法测定。45#煤层瓦斯压力测定结果见表 6.1，瓦斯浓度测定结果见表 6.2，煤样

表 6.1 瓦斯压力测定结果

钻孔编号	地点	表压/MPa	绝对瓦斯压力/MPa	备注
Zk2	+500m 水平 45#煤层	0.35	0.45	无水
Zk1	东 1 煤门	0.33	0.43	无水

表 6.2 瓦斯浓度测定结果

煤层编号	钻孔编号	地点	可解吸量/(m³/t)	浓度/(m³/t)	备注
45#	45x1	+500m 水平 45#煤层西翼南巷掘进面 （1#煤门往里 700m 处）	4.69	6.22	
	45x2	+500m 水平 43#~45#煤层联络巷	4.90	6.43	
	45d1	+500m 水平 45#煤层东翼 1#钻场	1.90	3.43	受抽采影响
	45d2	+500m 水平 45#煤层东翼南 4#钻场 （1#煤门往里 600m 处）	4.73	6.26	

实验室测定结果见表 6.3。

表 6.3　吸附常数及工业分析参数测定结果

煤层	采样地点	工业分析/%			真密度/(t/m³)	视密度/(t/m³)	孔隙度/%	瓦斯吸附常数	
		空气干燥煤水分	空气干燥煤灰分	空气干燥煤挥发分				a/(t/m³)	b/MPa
45#	500m水平45#西南掘面往里470m	3.26	5.59	31.52	1.40	1.31	6.43	25.7856	1.1050

注：吸附实验温度 t_s=30℃。由此，确定+500m 水平 45#煤层瓦斯压力为 0.45MPa，瓦斯浓度为 6.43m³/t。

6.1.2　煤层瓦斯的赋存分析

以地质勘探测定结果为基础，以井下实测为补充，分析 45#煤层的瓦斯赋存。

煤层瓦斯赋存受众多因素影响，对于不同的地质条件、不同赋存的煤矿，瓦斯赋存的主控因素有所不同。根据乌东煤矿地质勘探报告和采掘现状，分析 45#煤层的瓦斯生成、富集和运移条件，得出瓦斯赋存总体规律如下：①断层构造对北采区 45#煤层的瓦斯赋存分布影响较小；②地质构造运动对北采区 45#煤层的瓦斯分布影响小；③45#煤层的埋深与瓦斯赋存的关系密切；④矿井的水文条件对 45#煤层的瓦斯分布的影响较小。由此，影响 45#煤层瓦斯赋存分布的主控因素是煤层的埋深。

通过筛选瓦斯浓度测定数据(表 6.4)，获得瓦斯浓度与埋深的关系，如图 6.1 所示。

表 6.4　瓦斯浓度测定数据(筛选后)

钻孔编号及测试地点	采样深度/m	采样标高/m	原煤瓦斯浓度/(m³/t)	备注
19-04	503.02	287.02	7.41	地质勘探
23-03	589.64	282.71	10.16	地质勘探
+620 水平 45#煤层南巷掘进面	160.00	620.00	1.98	井下实测
+500m 水平 43#～45#煤层联络巷	280.00	500.00	6.43	井下实测

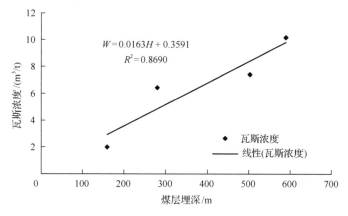

图 6.1 瓦斯浓度与埋深的关系图

$$W = 0.0163H - 0.3591, \quad R^2 = 0.8690 \qquad (6.1)$$

式中，H 为煤层埋深，m；W 为瓦斯浓度，m^3/t；R 为相关回归系数。

通过式(6.1)获得 45#煤层瓦斯浓度梯度为 $1.63m^3/(t\cdot hm)$，可得+575m 水平 45#煤层的瓦斯浓度为 $5.21m^3/t$，+550m 水平 45#煤层的瓦斯浓度为 $5.62m^3/t$，+525m 水平 45#煤层的瓦斯浓度为 $6.02m^3/t$。

6.1.3 工作面瓦斯涌出来源分析

相对于常见的水平、倾斜煤层瓦斯涌出，急倾斜煤层瓦斯涌出主要是增加了底部卸压带卸压瓦斯的涌出。

瓦斯涌出影响因素有：①生产工序；②工作面供风量；③工作面推进速度；④工作面煤层地质条件；⑤工作面周围开采情况；⑥地下水赋存情况。而对于乌东煤矿实际瓦斯涌出量起主要影响的是生产工序、工作面供风量、工作面推进速度及煤层的地质赋存条件。

6.1.4 工作面瓦斯涌出浓度分析

为了分析乌东煤矿急倾斜水平分段工作面的瓦斯涌出和分布特征，对工作面瓦斯分布进行实测。

瓦斯涌出分布采用单元测定法进行测定，实施步骤如下。

(1)工作面较短，使用便携式瓦斯浓度检测仪分别测定 1～5 断面处的瓦斯浓度。测量单元布置如图 6.2 所示。

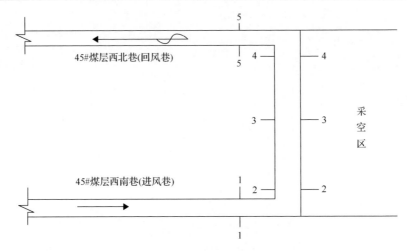

图 6.2　测量单元布置图

1～5 为测量单元

(2)测定单元进、出风量。

(3)测点布置在进、回风断面上,测定从工作面煤壁至采空区的各测点的瓦斯浓度。测点布置如图 6.3 所示。

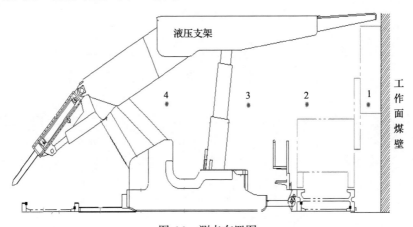

图 6.3　测点布置图

1.煤壁;2.皮带上方;3.液压支架处;4.后部溜子

(4)根据质量守恒定律,每个单元满足瓦斯和风量平衡方程,从而计算每个单元的采空区漏风量、瓦斯涌出量和煤壁及采落煤体的瓦斯涌出量。工作面瓦斯测试结果见表 6.5。

表 6.5　工作面瓦斯浓度及风量数据

测站编号	测点	瓦斯浓度/%				风速/(m/min)	断面面积/m²	风量/(m³/min)
		支架尾部	人行道	前溜	煤壁			
1	进风巷	0.05				1.30	11.10	865.800
2	13 架	0.06	0.05	0.05	0.06	1.08	12.92	837.216
3	8 架	0.08	0.06	0.05	0.07	1.30	12.92	697.680
4	2 架	0.13	0.07	0.06	0.06	1.02	12.92	790.704
5	回风巷	0.14				1.20	13.00	803.400

6.1.4.1　工作面沿煤层倾向方向瓦斯浓度分布规律

图 6.4 中，2 架的中心线到工作面回风巷外侧煤壁的距离为 4.5m，8 架的中心线到工作面回风巷外侧煤壁的距离为 13.5m，13 架的中心线到工作面回风巷外侧煤壁的距离为 20.5m。从图 6.4 看出，测点的瓦斯浓度与到回风巷的距离呈反比关系，即越靠近工作面回风巷，瓦斯浓度越大，反之，越小；而在工作面前溜、煤壁、人行道上的测点瓦斯浓度增加梯度相对平缓，而在工作面支架尾部测定的瓦斯浓度梯度随着到回风巷的距离减小而增大，且瓦斯浓度增大显著。

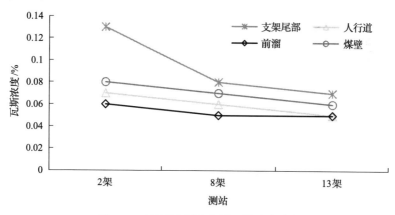

图 6.4　工作面水平方向的瓦斯浓度分布

6.1.4.2　工作面沿煤层走向断面瓦斯浓度分布规律

从图 6.5 看出，沿煤层走向断面，瓦斯浓度的分布规律是，工作面中部瓦斯浓度小，两端瓦斯浓度较大，出现类似"马鞍"的形状。13 架测点位于

+575m 水平 45# 煤层西翼综采工作面的进风侧，该断面上的瓦斯浓度相差较小，其工作面煤壁和靠近支架尾部测点的瓦斯浓度基本一致，这是因为工作面两端存在漏风现象，其进风侧新鲜风流经测点附近流入采空区，从而造成采空区侧的瓦斯浓度不高。其工作面瓦斯沿着煤层走向的分布与第 4 章数值模拟获得的瓦斯分布规律基本一致。

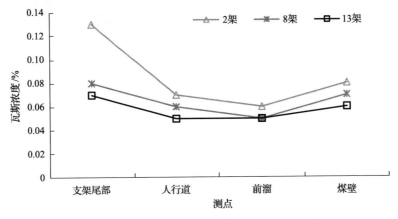

图 6.5　工作面沿煤层走向断面的瓦斯浓度分布

在单元法的基础上，通过风量、瓦斯守恒相关方程，对实测数据进行分析：

$$Q_{in} \pm Q_l - Q_{out} = 0 \tag{6.2}$$

$$q_{goaf} = Q_l \times C_l \tag{6.3}$$

$$q_{face} = Q_{out} \times C_{out} - Q_{in} \times C_{in} - q_{goaf} \tag{6.4}$$

式中，Q_{in} 为流入单元的风量，m^3/min；Q_{out} 为流出单元的风量，m^3/min；Q_l 为从采空区流入（出）本单元的漏风量，m^3/min；q_{goaf} 为从采空区涌入本单元的瓦斯量，m^3/min；q_{face} 为本单元内煤壁、顶底板及采落煤层的瓦斯涌出量，m^3/min；C_l 为漏风流中的瓦斯浓度，%；C_{out}、C_{in} 分别为流出和流入本单元风流中的瓦斯浓度，%。

对表 6.6 中实测数据分析得出，在尚未计算采空抽采量的情况下，煤壁及落煤的瓦斯涌出量占整个工作面瓦斯涌出量的 92.98%，而采空区瓦斯涌出量占整个涌出量的 7.02%。但是工作面的瓦斯涌出量包含了风排瓦斯量和抽采瓦斯量，对工作面瓦斯涌出量数据实测期间的瓦斯抽采量进行统计，其测定三天内的平均瓦斯抽采量为 8.20m³/min。将抽采量计入瓦斯涌出量中，则采空区瓦斯涌出量为 8.25m³/min。整个工作面瓦斯涌出量为 8.91m³/min。从而再次计算获得采空区瓦斯涌出量占整个工作面瓦斯涌出量的 92.59%(该部分瓦斯涌出量包括来至邻近煤层、底部卸压带、采空区遗煤及老空区)，而工作面瓦斯涌出量来自煤壁(包括工作面落煤)的瓦斯仅占 7.41%。

表 6.6　工作面瓦斯涌出量数据处理结果

编号	单元漏风量 /(m³/min)	采空区 瓦斯浓度/%	采空区瓦斯涌出量 /(m³/min)	煤壁、落煤瓦斯涌出量 /(m³/min)	单元瓦斯涌出量 /(m³/min)
1	−28.58	0.06	−0.02	0.03	0.01
2	−139.54	0.08	−0.11	0.08	−0.03
3	93.02	0.13	0.12	0.09	0.21
4	25.06	0.23	0.06	0.45	0.51
总计	−50.04		0.05	0.66	0.71

6.2　急倾斜煤层分段开采瓦斯涌出量预测方法

6.2.1　矿井瓦斯涌出量预测方法现状

目前，我国常用的矿井瓦斯涌出量预测方法主要有矿山统计法、分源预测法及瓦斯浓度预测法，随着对矿井瓦斯涌出量预测方法的重视，近年也出现了一些较新的瓦斯涌出量预测方法[101]。

早在 20 世纪 50 年代，煤炭科学研究总院沈阳研究院开始进行瓦斯涌出量预测研究，主要针对矿山统计法开展了一系列工作。煤炭科学研究总院沈阳研究院先后在"七五""八五""九五"期间，提出、推广、应用和完善了分源预测法，使分源预测法达到了实用化的阶段，促成了国家安全生产监督管理总局于 2006 年发布的行业标准《矿井瓦斯涌出量预测方法》(AQ 1018—2006)[102,103]。

随着科技发展，特别是数学方法和计算机技术的进步，原有的预测方法和应用范围得到迅速拓展，出现了一些新的瓦斯涌出量预测方法。

陶云奇等[104]对灰色马尔可夫模型进行改进，用于预测采煤工作面瓦斯涌出量，并证明了改进模型预测结果的可靠性和应用性。

郭德勇等[105]应用逐步多元回归的预测方法对工作面瓦斯涌出量进行了预测，其预测值与实际值的误差为±10%。

王晓路等[106]提出了一种基于虚拟状态变量的卡尔曼滤波的瓦斯涌出量预测方法，其预测值与实际值的最大误差为 2.08%。

汪明等[107]基于随机森林对回采工作面的瓦斯涌出量建立了预测模型，其预测值与实际值的相对误差为 6.2%。

付华等[108]在免疫遗传算法优化的基础上建立了加权最小二乘支持向量机预测模型，利用该模型预测的最大相对误差不到 3%，平均相对误差仅为1.3298%。

谢东海等[109]通过熵权均值聚类预测法预测了矿区开采过程中回采工作面的瓦斯涌出量，结果表明预测值与实际值的误差在 5%左右。

樊保龙等[110]对瓦斯涌出量的预测采用了免疫遗传算法，结果表明其预测值与实际值的误差在 10%以内，预测的趋势与实际相吻合。

分源预测法适合新建、改扩建及生产矿井[111]，但是在应用分源预测法预测急倾斜煤层分段开采工作面的瓦斯涌出量时发现，急倾斜煤层在倾向方向上的瓦斯浓度与埋深成正比。对工作面底部煤体的瓦斯涌出量计算若是采用邻近层瓦斯涌出量预测方法是非常不合适的。参照分段开采计算工作面底部煤体的瓦斯涌出量时，无论分几层，上分层的瓦斯涌出量系数均大于下分层。然而急倾斜煤层分段开采时，煤层在倾向上的厚度可看作是无限的，上区段开采时，下区段瓦斯卸压释放，其瓦斯流动规律还需进一步研究。

综合上述，在急倾斜煤层分段开采瓦斯治理方面，人们对工作面围岩应力场及其影响的裂隙场、瓦斯渗流场的耦合研究较少，对瓦斯分布随时间、空间变化的演化规律研究较少，对联合相似模拟实验、数值模拟、现场测定与验证的研究较少。

6.2.2　瓦斯涌出量常用预测方法

我国的矿井瓦斯涌出量预测方法主要有矿山统计法、瓦斯浓度预测法及分源预测法。由于矿山统计法过多地依赖历史数据，以及瓦斯浓度预测法预测精度不高等，限制了上述两种瓦斯涌出量预测方法在我国井工开采煤矿中广泛应用。而分源预测法无论是新建矿井、改扩建矿井，以及是否存在邻近矿井的煤矿，均可采用该瓦斯涌出量预测方法，该方法被我国煤炭行业普遍推广及应用。

为了进一步说明行业标准《矿井瓦斯涌出量预测方法》（AQ 1018—2006）在急倾斜煤层分段开采工作面的不适用，按照《矿井瓦斯涌出量预测方法》

(AQ 1018—2006)中的分源预测法对急倾斜煤层分段开采的工作面进行瓦斯涌出量预测,其基础数据均选自乌东煤矿 45#煤层,+575m 水平 45#煤层工作面开采 45#煤层,煤层原煤瓦斯浓度为 5.21m³/t,其中工作面煤层厚度为 22m,开采分段高度为 25m,上邻近层 44# 煤层厚度为 0.56m,与开采的 45# 煤层间距为 48.67m,上邻近层的 43# 煤层与 45# 煤层的间距为 93m,因此忽略 45# 煤层开采对 43# 煤层产生采动影响,从而认为 43#煤层的瓦斯不会流向 45# 煤层的回采空间,下邻近层 46# 煤层的厚度为 0.61m,与 45#煤层间距为 3.58m,下邻近层 47#煤层的厚度为 0.46m, 与 45#煤层的间距为 15m。涉及的瓦斯涌出量预测相关系数依据《矿井瓦斯涌出量预测方法》(AQ 1018—2006)选取,计算得到 45#煤层瓦斯涌出量预测结果见表 6.7,邻近层的瓦斯涌出量预测结果见表 6.8,瓦斯涌出量汇总见表 6.9。

表 6.7　45#煤层瓦斯涌出量预测结果

煤层编号	围岩瓦斯涌出系数 K_1	工作面丢煤瓦斯涌出系数 K_2	开采层瓦斯涌出影响系数 K_3	开采层厚度/m	工作面采高/m	可解吸浓度/(m³/t)	开采层相对涌出量/(m³/t)
45	1.2	1.3333	−0.2875817	22	22	1.15	−0.53

表 6.8　邻近层瓦斯涌出量预测结果

层位关系	煤层编号	原煤瓦斯浓度/(m³/t)	残存瓦斯浓度/(m³/t)	邻近煤层平均厚度/m	与开采层间距/m	开采层厚度/m	瓦斯排放率/%	相对瓦斯涌出量/(m³/t)
上邻近层	44	5.21	1.53	0.56	48.67	22	50	0.05
下邻近层	46	5.21	1.53	0.61	3.58	22	70	0.07
	47	5.21	1.53	0.46	15.00	22	60	0.05
合计								0.17

表 6.9　瓦斯涌出量预测汇总表

煤层名称	煤厚/m	可解吸瓦斯浓度/(m³/t)	相对瓦斯涌出量/(m³/t)	备注
44	0.56	3.68	0.05	邻近层
45	22.00	1.15	−0.53	本煤层
46	0.61	3.68	0.07	邻近层
47	0.46	3.68	0.05	邻近层
合计			−0.36	

从表 6.9 中发现，现有瓦斯涌出量预测方法对本煤层瓦斯涌出量预测值为一负值，而在工作面实际回采过程中存在瓦斯涌出，这说明现有的分源预测法并不能应用在急倾斜煤层水平分段开采工作面上。

在应用标准过程中发现，现有分源预测法主要存在以下问题。

(1)急倾斜煤层分段开采工作面长度为煤层在水平方向上的厚度，工作面长度较短，如按照《矿井瓦斯涌出量预测方法》(AQ 1018—2006)计算采区准备巷道内预排瓦斯对开采层煤体瓦斯涌出的影响系数，该系数为负值。

(2)现有瓦斯涌出量预测标准缺少下部煤体卸压瓦斯涌出量的预测。主要表现有：①急倾斜煤层在倾向上煤层瓦斯浓度随埋深增加而增大，单纯以瓦斯浓度定值计算卸压范围内煤体瓦斯涌出量不妥。②急倾斜煤层在沿着煤层倾向方向上，煤层的埋深和矿井的开采深度决定了其分段数量，其分段数量与煤层厚度无关，如乌东煤矿开采最低标高为+200m，按照地表+780m，分段高度为 25m 计算，其分段数可以达到 20 层以上，那么在进行瓦斯涌出量预测时参照分层开采进行瓦斯涌出量预测显然不妥，这是因为分层开采瓦斯涌出量计算时，其分层系数最多可以选择 4 层。③在分层开采瓦斯涌出量预测时，上分层的瓦斯涌出量系数大于下面分层的系数，然而对于乌东煤矿这种急倾斜煤层分段开采，煤层在倾向的厚度相对于煤层厚度可以看作无限厚，开采上分段时，下部煤体的瓦斯不仅是采动影响范围内卸压瓦斯会涌出，其下部尚未受到采动影响的原始煤体的高瓦斯也会对采动影响范围内的瓦斯进行必要的补充，因此，进行分段开采的瓦斯涌出量计算尚需要进一步论证、研究。

(3)各矿区的煤层物性参数及开采工艺条件和煤层地质条件的不同，使得急倾斜煤层水平分段开采采动影响下的底部卸压带范围、采动煤炭裂隙及瓦斯涌出情况不尽相同。

针对上述问题，建立如下适合急倾斜煤层分段开采工作面的瓦斯涌出量的预测方法。

6.2.3　急倾斜煤层分段开采瓦斯涌出量预测方法简介

根据前文的分析，急倾斜煤层分段回采工作面瓦斯涌出量包括底部煤体瓦斯涌出量、开采煤层瓦斯涌出量、邻近煤层瓦斯涌出量及老采空区瓦斯涌出量，即：

$$q_{\mathcal{R}} = q_1 + q_2 + q_3 + q_4 \tag{6.5}$$

式中，$q_{采}$ 为工作面瓦斯涌出量，m^3/t；q_1 为开采煤层瓦斯涌出量，m^3/t；q_2 为邻近煤层瓦斯涌出量，m^3/t；q_3 为底部煤体瓦斯涌出量，m^3/t；q_4 为老采空区瓦斯涌出量，m^3/t。

1）开采煤层瓦斯涌出量

$$q_1 = K_1 \times K_2 \times \frac{m}{m_0} \times (X_0 - X_c) \tag{6.6}$$

式中，K_1 为围岩瓦斯涌出系数，全部陷落法管理顶板，$K_1 = 1.20$；K_2 为工作面丢煤瓦斯涌出系数，$K_2 = 1/\eta$，η 为工作面回采率；X_0 为原始煤层瓦斯浓度，m^3/t；X_c 为残存煤层瓦斯浓度，m^3/t。

2）邻近煤层瓦斯涌出量

$$q_2 = \sum_{i=1}^{n} \frac{m_i}{m_0} \times \zeta_i (X_i - X_{ic}) \tag{6.7}$$

式中，m_i 为第 i 个邻近煤层的厚度，m；m_0 为开采煤层的开采厚度，m；X_i 为第 i 个邻近煤层的瓦斯浓度，m^3/t；X_{ic} 为邻近煤层的残存瓦斯浓度，m^3/t；ζ_i 为第 i 个邻近层受采动影响的瓦斯排放率，%。

3）底部煤体瓦斯涌出量

底部煤体瓦斯涌出量参考邻近煤层瓦斯涌出量预测模型[式(6.7)]，建立如图 6.6 所示的几何模型，并且假设有式(6.9)、式(6.10)成立，即认为瓦斯浓度 X_i 与距离开采分段深度 x 呈线性正相关，开采分段底部煤体的瓦斯排放率与开采分段深度 x 呈线性负相关（第 5 章数值模拟较好地反映了该关系）。

$$q_3 = \sum_{i=1}^{n} \frac{m_i}{m_0} \times \lambda_i (X_i - X_{ic}) \tag{6.8}$$

$$X_i = X_t x + X \tag{6.9}$$

$$\lambda_i = -\frac{1}{h_p} x + 1.0 \tag{6.10}$$

式中，m_i 为底部煤体的厚度，m；m_0 为开采煤层的开采厚度，m；X_i 为第 i 个底部煤体的瓦斯浓度，m^3/t；λ_i 为第 i 个底部煤体受采动影响的瓦斯排放率，%；x 为开采分段底部煤体深度，m；X_t 为瓦斯浓度梯度，$m^3/(t \cdot m)$；

X 为开采分段的瓦斯浓度，以最低标高瓦斯浓度为准，m^3/t；h_p 为采动影响破坏深度，m。

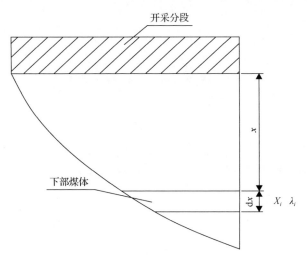

图 6.6　底部煤体瓦斯涌出分析几何模型

将式(6.9)、式(6.10)代入式(6.8)并积分得

$$q_3 = \sum_{i=1}^{h_p/dx} \frac{\sin^{-1}\alpha dx}{M} \lambda_i (X_i - X_c) = \int_0^h \frac{1}{M} \lambda_i (X_i - X_c) \sin^{-1}\alpha dx \tag{6.11}$$

$$q_3 = \frac{1}{M}\sin^{-1}\alpha \left[\frac{(X_0 - X_c)}{2} h_p + \frac{X_t}{6} h_p^2 \right] \tag{6.12}$$

式中，M 为水平分段的高度，m；X_c 为残存煤层的瓦斯浓度，m^3/t；α 为煤层的倾角，(°)。

4)老采空区瓦斯涌出量

$$q_4 = K'(q_1 + q_2 + q_3) \tag{6.13}$$

式中，K' 为老采空区瓦斯涌出系数，取值 0.10～0.20。

上述瓦斯涌出量预测方法预测的瓦斯涌出量是相对瓦斯涌出量，在现场生产实际过程中统计得到的是绝对瓦斯涌出量，其绝对瓦斯涌出量与相对瓦斯涌出量的关系为

$$q_{采j} = q_采 \frac{A}{1440} \tag{6.14}$$

式中，$q_{采j}$ 为工作面绝对瓦斯涌出量，m^3/min；$q_采$ 为工作面相对瓦斯涌出量，m^3/t；A 为工作面日产量，t/d。

6.3 瓦斯涌出量预测方法的应用

为了对工作面瓦斯涌出量进行进一步分析验证，在+575m 水平 45# 煤层工作面回采之前,距离工作面开切眼250m 之后每间隔100m 的距离布置测点，共计布置三个测定，测定煤层残余瓦斯浓度。按照三个检测单元进行分析，测点布置如图 6.7 所示，测定结果见表 6.10。

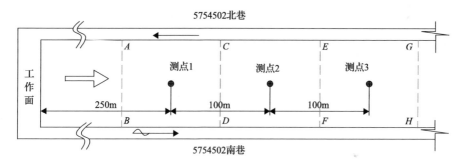

图 6.7　测点布置图

表 6.10　测点瓦斯浓度测定结果

钻孔编号	可解吸瓦斯浓度/(m^3/t)	残存瓦斯浓度/(m^3/t)	残余瓦斯浓度/(m^3/t)
1#	1.2334	1.53	2.76
2#	1.1297	1.53	2.66
3#	1.1039	1.53	2.63

将每个测点前后 50m 共计 100m 范围，视为一个瓦斯涌出量预测方法的应用单元，每个检验单元内的瓦斯浓度即为该测点实测的瓦斯浓度。

待工作面正式回采时，对检测单元范围内的瓦斯涌出量数据、生产数据和工作面参数进行实测、统计，将工作面生产实际参数和工作面参数代入计算模型，得到工作面瓦斯涌出量预测值，再与实测值对比。部分原始数据见表 6.11。

表 6.11　工作面统计原始数据表

日期	工作面长/m	累计推进度/m	瓦斯浓度/(m³/t)	日产量/t	瓦斯涌出量/(m³/min)
5 月 25 日	30.6	199.3	2.76	1792.89	8.78
5 月 26 日	30.6	204.0	2.76	1558.29	8.69
5 月 27 日	30.6	208.6	2.76	2159.17	9.81
5 月 28 日	30.6	213.8	2.76	2051.52	11.06
5 月 29 日	30.6	220.2	2.76	2307.46	10.05
⋮	⋮	⋮	⋮	⋮	⋮

　　开采分段生产能力、回采率及工作面相关参数是不断变化的，瓦斯涌出量也随之变化。根据表 6.11 中的参数代入式(6.6)，可计算对应生产日期开采煤层瓦斯涌出量，见表 6.12。根据式(6.7)可计算邻近煤层瓦斯涌出量，见表 6.13。根据式(6.12)计算底部煤体瓦斯涌出量，见表 6.14。结合表 6.11～表 6.13 及式(6.13)、式(6.14)，可以计算得到每天对应的相对瓦斯涌出量和绝对瓦斯涌出量，其对比结果见表 6.15 和图 6.8。

表 6.12　开采煤层瓦斯涌出量预测结果

围岩瓦斯涌出系数	回采率倒数	开采层厚度/m	工作面采厚/m	原始瓦斯浓度/(m³/t)	残存瓦斯浓度/(m³/t)	相对瓦斯涌出量/(m³/t)
1.2	2.33	22	22	2.76	1.53	3.02
1.2	2.22	22	22	2.76	1.53	2.89
1.2	2.02	22	22	2.76	1.53	2.62
1.2	1.94	22	22	2.76	1.53	2.52
1.2	1.72	22	22	2.76	1.53	2.24
⋮	⋮	⋮	⋮	⋮	⋮	⋮

表 6.13　邻近煤层瓦斯涌出量预测结果

层位关系	煤层编号	煤层原始瓦斯浓度/(m³/t)	残存瓦斯浓度/(m³/t)	邻近煤层厚度/(m³/t)	与开采层间距/m	开采层厚度/m	瓦斯排放率/%	相对瓦斯涌出量/(m³/t)
上邻近层	44	5.21	1.53	0.56	48.67	22	8	0.01
下邻近层	46	5.21	1.53	0.61	3.58	22	91	0.09
	47	5.21	1.53	0.46	15.00	22	64	0.05
合计								0.15

表 6.14   底部煤体瓦斯涌出量预测结果

煤层编号	开采分段高度/m	瓦斯浓度梯度/[m³/(t/hm)]	开采分段瓦斯浓度/(m³/t)	残存瓦斯浓度/(m³/t)	采动影响深度/m	煤层倾角/(°)	相对瓦斯涌出量/(m³/t)
45	25	0.0163	5.21	1.53	30	45	3.06

表 6.15   预测值与实测值对比分析表

时间	预测相对量/(m³/t)	产能/(t/d)	预测绝对量/(m³/min)	实测绝对量/(m³/min)	相对误差/%
5 月 25 日	7.17	1792.89	8.93	8.78	1.71
5 月 26 日	7.02	1558.29	7.60	8.69	12.53
5 月 27 日	6.72	2159.17	10.07	9.81	2.70
5 月 28 日	6.59	2051.52	9.39	11.06	15.08
5 月 29 日	6.27	2307.46	10.05	10.05	0.05
⋮	⋮	⋮	⋮	⋮	⋮

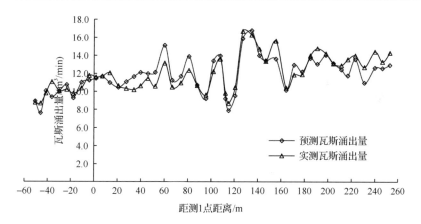

图 6.8   预测瓦斯涌出量与实测瓦斯涌出量的对比图

从表 6.16 看出，工作面瓦斯涌出量预测值与实测值整体上保持较好的一致性。应用期间，工作面瓦斯涌出量的预测值和实测值的相对误差为 0.04 %～15.08%，相对误差的平均值为 6.63%，能够满足工程实际要求；另外，通过瓦斯涌出量预测发现，底部煤体瓦斯涌出量占工作面瓦斯涌出总量的 43.0%～53.0%，平均为 48.7%。

表 6.16 各单元误差分析

单元	相对误差/%		
	最大值	最小值	平均值
1	15.08	0.05	6.64
2	14.97	0.04	6.54
3	13.63	0.26	6.78
平均值			6.63

7 急倾斜煤层分段开采瓦斯抽采关键技术研究

由前文可知，急倾斜煤层上覆岩体的裂隙是随工作面不断变化的，裂隙分布区域逐渐向工作面右上方扩展，说明急倾斜煤层开采过程中上覆岩层会不断产生新的裂隙，进而离层、垮落、移动和断裂，形成新的构造；急倾斜煤层开采过程中，上覆岩层的垮落会以"断裂弧"的形式在采空区分布，而整个采空区则以"断裂弧"的形式不断向上扩展；经工作面开挖模拟得知，上覆岩层内部裂隙不同时期的发育程度不同，划分区段全部开采完毕后，裂隙数量不断增多，上覆岩层不断垮落堆积；随着每个区段的不断开挖，上覆岩层的不断垮落，其孔隙度也不断增加，为瓦斯运移所用漏风通道的形成提供依据。数值解算得出，在水平方向上，瓦斯浓度从进风隅角往采空区深部方向呈阶梯升高；在垂直方向上，同一区域范围的瓦斯浓度由下至上呈上升趋势，在急倾斜分段开采的上覆裂隙区形成高浓度的瓦斯，该部分瓦斯在工作面负压通风作用的影响下，将流向回采空间，直接导致工作面回风侧和回风隅角的瓦斯积聚甚至瓦斯超限。根据第 6 章分析，其底部煤体瓦斯涌出量占工作面瓦斯涌出量的 43%以上。因此，减少"断裂弧"区积聚的卸压瓦斯和减少因采动影响而产生的底部煤体瓦斯涌出是保障急倾斜煤层分段开采工作面安全和高效开采的关键。

本章主要是通过相似模拟、数值模拟及理论研究获得的相关研究成果，对采动影响下卸压瓦斯抽采关键技术进行优化分析，从而科学地指导急倾斜煤层分段开采工作面的瓦斯灾害治理工作。

7.1 急倾斜煤层分段开采瓦斯抽采关键技术参数优化

7.1.1 顶板走向高位钻孔优化

7.1.1.1 顶板走向高位钻孔布置现状

矿井顶板走向高位钻孔布置如图 7.1 所示。

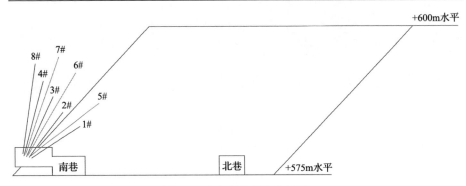

图 7.1　走向高位钻孔布置图

钻孔具体布置是：在回风巷上侧 1.2m 处，布置顶板走向钻孔钻场，钻场规格为 5m×4m×3m，钻场间距为 60m，钻孔孔径为 113mm，钻孔封孔为 6m，钻孔控制距离分段工作面底部为 10～20m，最高控制煤层顶板 12m，钻孔长度为 100m。现场选取+575m 水平 45#工作面 5#钻场的瓦斯浓度进行分析，如图 7.2 所示。

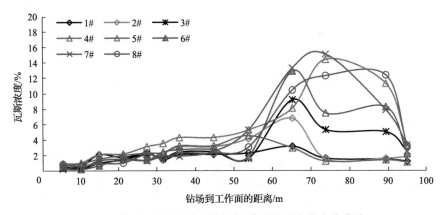

图 7.2　钻孔瓦斯浓度与钻场到工作面的距离的变化曲线

根据图 7.2，瓦斯浓度经历了一个快速增加→峰值→快速降低→稳定的过程，在距工作面 60～90m 处，钻孔瓦斯浓度随着靠近工作面而先升高后降低，其中钻孔 1#、2#、5#的瓦斯浓度较其他钻孔的瓦斯浓度明显偏低，3#、4#、6#、7#和 8# 钻孔的瓦斯浓度较高；在钻场距离工作面 55～95m 时，钻孔瓦斯浓度变化剧烈，钻孔瓦斯浓度从最低的 2%左右，增加到 10%以上，之后快速降低至 5%左右，其中 7#钻孔的瓦斯浓度最大，达到 15.1%；在钻场距离工作面 55m 以后，瓦斯浓度逐渐降低，最后降低到 1%左右，但是整体变化不大，这是因为钻孔压茬为 60m，距离工作面 55m，此时钻孔基本已处于冒落带范围，由于顶板断裂造成钻孔破断，抽采层位降低，从而瓦斯浓度较低。

由高位钻孔瓦斯浓度与工作面位置的关系曲线图(图 7.2)可知，3#、4#、6#、7#和 8# 钻孔的瓦斯浓度较高，经计算 6#钻孔的终孔点距离巷道高度为9.34m，偏离巷道轴向为 15.00m，7# 钻孔的终孔点距巷道高度为 5.86m，偏离巷道轴向为 13.8m，8# 钻孔的终孔点距离巷道高度为 5.18m，偏离巷道轴向为 6.60m，结合相似模拟结论，初步判断该区域处于顶板的裂隙带中，由于瓦斯自身具备升浮作用，使得大量瓦斯聚集在裂隙带内，从而能够抽采较高浓度的瓦斯。

另外，1#、2#、5#钻孔的瓦斯浓度普遍较低，在 5%以下，结合数值模拟和相似模拟判断该区域基本处在顶板的冒落带区域。在冒落带，瓦斯浓度较低，原因一方面是瓦斯自身比空气轻，升浮至了裂隙带；另一方面是工作面负压通风，采空区也存在漏风的问题，从而导致该区域的空气浓度较大，而瓦斯浓度较低。

7.1.1.2 顶板走向高位钻孔参数优化

1)顶板走向钻孔布孔原理

分段开采之后，煤层上覆的直接顶冒落，紧接着老顶，产生拉伸和剪切破坏，形成冒落带、裂隙带和弯曲下沉带，在冒落带和裂隙带产生大量的采动空隙，其采动空间的透气性显著提高，甚至增加达到数千倍，采空区上部因顶板垮断形成了两个"断裂弧"区域，这两个区域为瓦斯富集提供了大量的空间，同时由于其采动裂隙之间是相互沟通的，存在一系列的采动裂隙通道，这为卸压瓦斯抽采提供了良好的基础。在邻近煤层和底部卸压带中的瓦斯以扩散形式，从由采动形成的孔隙、裂隙和原生孔隙、裂隙组成的瓦斯流动通道从高压区域流向低压区域。采空区顶板走向钻孔的设计原理就是在开采煤层的上覆岩层，布置钻孔，该钻孔的终孔点位于冒落带上方的裂隙带中，既能够尽量保持钻孔不被破坏，又能够抽采到高浓度的瓦斯。因为钻孔存在一个负压作用，所以选择一个利于瓦斯流动的通道对取得较好的瓦斯抽采效果具有重大的意义。

通过前文数值模拟可知，孔隙度在第一、二、三区段的上覆岩层位置处不断增加，最大增加至 0.45 左右，裂隙数量也处于不断增长之中；煤层第六区段开挖 150m 时，上覆岩层区域随着垮落部分的堆积，大部分孔隙度逐渐增加，最大增加至 0.45 左右，裂隙发育程度也不断提高；煤层第六区段开挖

200m 时，裂隙数量将随开挖结束而停止增长。因此，顶板孔隙度在开挖过程中前期及中期会不断增加，使得瓦斯向上运移，形成瓦斯高浓度带，将顶板走向钻孔的终孔控制在形成的瓦斯高浓度带内，就能够抽采到高浓度的瓦斯。

2)高位钻孔之间压茬距离

由于顶板冒落带的存在，顶板高位钻孔之间存在抽采的盲区，为了能够保证工作面回风隅角的瓦斯积聚能够及时处理，那么就需要顶板高位钻孔之间能够形成较好的连续性，从而使得前一个高位钻场和后一个高位钻场之间的高位钻孔存在一个压茬，压茬如图 7.3 所示。

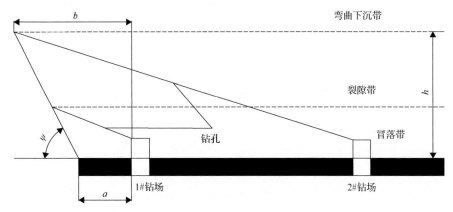

图 7.3　顶板钻孔最小压茬长度示意图

图 7.3 中，a 为前一个钻场的抽采钻孔的抽采盲区长度，b 为顶板钻孔的压茬长度，h 为顶板走向长钻孔终孔进入顶板的高度，ψ 为急倾斜煤层开采沿走向上的垮落角。为了确保高位钻孔能够抽采到高浓度的瓦斯，其压茬距离应该有

$$b_{\min} = a + h\cot\psi \tag{7.1}$$

$$b_{\max} = a + L_x + h\cot\psi \tag{7.2}$$

3)高位钻孔布置参数优化

对急倾斜煤层分段开采冒落带和裂隙带简化分析(图 7.4)，结合数值分析的结果，设计顶板高位钻孔布置方案如下。

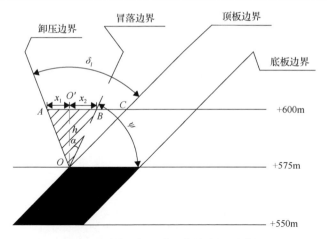

图 7.4 冒落及卸压分区倾向断面示意图

A 到 O' 的水平距离为 x_1，B 到 O' 的水平距离为 x_2，垂直高度假设为 h，则有

$$x_2 = h \cot \psi \tag{7.3}$$

$O'C = h \cot \alpha$，得

$$x_1 = -\frac{h \sin \delta_1}{\sin \alpha \sin[180-(\delta_1+\alpha)]} - h \cot \alpha = -\frac{\sin \delta_1 - \cos \alpha \sin[180-(\delta_1+\alpha)]}{\sin \alpha \sin[180-(\delta_1+\alpha)]} h \tag{7.4}$$

式中，α 为煤层倾角，(°)；δ_1 为卸压角，(°)；h 为钻孔控制高度，m；ψ_1 为倾向冒落角，(°)。

假设顶板走向高位钻孔控制在 10～20m 的高度，其中冒落角为 65°，卸压角为 67°，抽采盲区长度为 10m，走向冒落角为 56°，钻孔控制高度为 10～20m，则计算得到 x_1 为 4.02～8.05m；x_2 为 4.7～9.3 m。当钻孔高度为 10m 时，压茬为 15.59～65.59m，平均值 40.59m；钻孔高度为 20m 时，压茬为 21.18～71.18m，平均值为 47.18m。

根据理论计算及对 5#钻场瓦斯抽采数据对比，其理论计算数据与现场分析数据基本保持一致。由此说明，乌东煤矿急倾斜煤层分段开采高位钻场之间的合理压茬在走向上为 60m 较为合理。为了取得更好的瓦斯抽采效果，建议顶板走向钻孔采用两排布置，其中上一排的钻孔控制在距巷道底部 20m 的顶板范围内，单排布置 3 个钻孔，钻孔间距为 5m；下一排的钻孔控制在距巷道底部 10m 的顶板范围内，单排布置 3 个钻孔，钻孔间距为 3m；在工作面的水平方向上控制巷道轴向外侧 4m，内侧 10m 范围，钻场间距设计 70~90m，顶板走向钻孔的布置如图 7.5 所示。

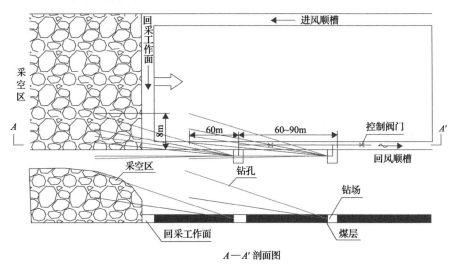

图 7.5　高位钻孔布置示意图

4) 效果分析

根据分析之后，在乌东煤矿+575m 水平 45# 煤层西翼综采工作面的 7# 钻场进行了钻孔参数的调整，不改变钻场的间距和钻场的规格，改变钻孔控制顶板高度和水平位置，按照图 7.5 布置钻孔，其中 1#、2#、3#控制分段高度 20m，钻孔间距为 5m，4#、5#、6#控制分段高度 10m，钻孔间距为 3m，钻孔编号从外侧到靠近工作面侧依次增加。钻孔瓦斯抽采效果如图 7.6 所示。

图 7.6 与图 7.2 保持了基本一致的分布规律，即瓦斯浓度经历了一个增加→维持平稳→降低→稳定的过程。由图 7.6 可以看出，在同一高度上，沿着工作面不同的水平距离的钻场(1#、2#、3#和 4#、5#、6#)，其瓦斯浓度有增加的趋势，在竖直方向上，1#、4#，2#、5#，以及 3#、6#，其钻孔的瓦斯浓度在采空区上部从下到上有增加的趋势。该瓦斯分布规律与第 5 章数值分析获得的顶板裂隙、孔隙瓦斯运移规律完全吻合。

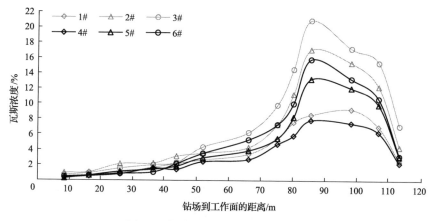

图 7.6 优化后钻孔抽采浓度分布图

优化之后，单孔的瓦斯浓度最大值为 20.96%，所有钻孔在压茬范围内的单孔瓦斯浓度从平均的 6.8%提高至 9.7%，相对提高了 42.6%，瓦斯浓度提高显著；根据现场数据，所有钻孔的单孔平均瓦斯纯流量从 0.132m³/min 提高到 0.297m³/min，相对提高了 1.25 倍；另外，优化之后的钻孔有效抽采时间比优化前显著提高。

7.1.2 底部煤体卸压拦截抽采钻孔参数优化

开采分段进行回采作业时，由于应力传递，造成工作面底部煤体受到采动影响而形成采动裂隙，煤体中的大量吸附瓦斯解吸形成游离瓦斯，通过采动煤岩孔裂隙涌向回采空间。

根据前文，其瓦斯涌出量占工作面瓦斯涌出总量的 43% 左右。为减少开采分段底部卸压带煤体中的卸压瓦斯对采空区瓦斯进行及时的补给，从而在开采分段的底部煤体中布置瓦斯抽采专用巷，从专用巷中布置顺层钻孔对开采分段的底部卸压煤体瓦斯实施大面积的区域拦截抽采，从而达到减少卸压瓦斯涌出的目的。前文研究表明：开采分段底部煤体 10~15m 的深度范围内受采动影响，采动裂隙发育，而采动的最大影响范围可以达到 35m 深，将卸压拦截抽采钻孔布置在该区域内能够取得较好的瓦斯抽采效果。另外，瓦斯抽采钻孔的终孔不能超过开采分段的高度，其原因之一是拦截抽采钻孔均是采前施工，待工作面推进时，会切断钻孔从而导致钻孔失效；原因之二是如果直接施工至开采分段，拦截抽采钻孔能够直接抽采采空区瓦斯，容易改变工作面漏风量，从而直接影响采空区的自燃"三带"分布，为采空区的管理带来不便。卸压拦截抽采钻孔通常是在工作面回采之前进行施工和接抽的，从而实现对工作面底部煤体采前预抽和采中卸压抽采，起到钻孔的"一孔多用"。

通过现场试验，钻孔的终孔间距为 12m，钻孔的终孔标高距离开采分段 5m，钻孔孔径为 113mm，钻孔布置如图 7.7 所示。

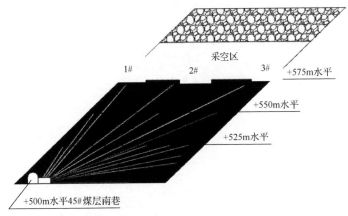

图 7.7　卸压拦截抽采钻孔布置图

由于+575m 水平 45# 煤层底部煤体的卸压瓦斯抽采量尚未进行单独计量，仅对 2#钻场施工的 3 个钻孔进行了瓦斯抽采参数的统计，卸压瓦斯拦截抽采效果如图 7.8 所示。

在回采工作面尚未到卸压抽采钻孔之前，瓦斯浓度和瓦斯流量均随着抽采时间的增加逐渐减小，煤层底板侧钻孔(1#钻孔)的瓦斯抽采浓度和流量较大，其钻孔长度也大于 2#、3#钻孔，在回采工作面距离钻孔末端 20m 左右时，瓦斯抽采参数出现明显降低，而当回采工作面推过钻孔约 10m 距离时，钻孔

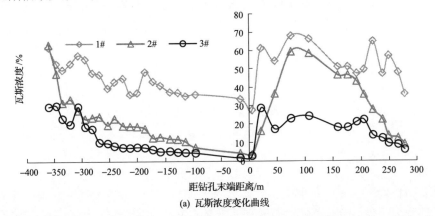

(a) 瓦斯浓度变化曲线

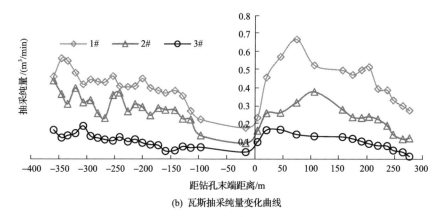

(b) 瓦斯抽采纯量变化曲线

图 7.8　卸压拦截抽采变化图

瓦斯抽采浓度迅速增大,1#钻孔表现更加明显。1#、2#钻孔在工作面推过钻孔末端约 60m 范围,瓦斯抽采纯量出现又一个极大值,随后逐渐减小,而顶板侧钻孔在工作面推过 15m 左右出现最大值。整个瓦斯抽采纯量变化经历一个减小→增大→减小的变化过程。1#钻孔的瓦斯浓度由回采前的 26.4%提高到最大为 68.5%,瓦斯流量由 0.16m³/min 提高至最大为 0.67m³/min,瓦斯流量提高了 3.20 倍;而 2#钻孔的瓦斯浓度由 4%提高至 57%,瓦斯流量由 0.08m³/min 提高至最大为 0.37m³/min,瓦斯流量提高了 3.625 倍;3#钻孔瓦斯浓度由回采前的 1.8%提高至最大为 29.4%,瓦斯流量由 0.04m³/min 提高至最大为 0.15m³/min,瓦斯流量提高了 2.75 倍。由此看出,3 个卸压钻孔从卸压之前的单孔平均抽采纯量 0.093m³/min 提高至 0.396m³/min,平均增大 3.25 倍。瓦斯抽采纯量达到最大值后,随着与工作面距离增大,瓦斯抽采纯量逐渐减小,在工作面推过钻孔约 200m 范围后,抽采钻孔的抽采纯量迅速减小。出现上述现象,原因在于工作面推进 150m 左右后,下部煤体产生应力恢复,采动裂隙闭合,煤层透气性降低,另外煤层游离瓦斯量有限,而对游离瓦斯补给源也在减少。进行卸压拦截抽采,一方面能够显著提高抽采纯量,有利于煤层气开发,另一方面能够减少卸压瓦斯向回采空间的涌出,对于保障矿井工作面安全高效生产意义重大,因此进行底部卸压带拦截抽采是非常有必要的。

7.2　急倾斜煤层分段开采瓦斯抽采的应用效果

7.2.1　应用工作面

+575m 水平 43# 西翼综采工作面位于乌东煤矿副井以西,工作面的南部为 43# 煤层顶板，工作面北部为 43#煤层底板，上部为+600m 水平 43#煤层西采空区，下部为尚未开采的 43#原始煤体，同时在工作面东部，有+575m 水平 43#煤层东掘进工作面。工作面回采长度 560m，工作面长度 30m，回采段高 25m，工作面地质储量为 63.5 万 t，可采储量为 43.78 万 t。

工作面地质构造较简单，无大的断层及构造，局部存在小的褶曲，并有裂隙、节理发育带，煤层破碎易冒落。煤层走向大致为 67°，倾向 158°，倾角平均 45°。煤层厚度平均 30m。直接顶主要为粉砂岩，厚度为 2～4m，深灰色，泥钙质胶结。老顶主要为粉砂岩、细砂岩、中砂岩，厚度大。

43#煤层在+575m 水平的最大瓦斯浓度为 5.35m^3/t，其 43#煤层的透气性系数为 0.1m^2/(MPa^2·d)，瓦斯涌出量衰减系数为 0.02～0.06d^{-1}，属于可抽采煤层。

工作面主要应用了煤层顺层钻孔预抽、底部煤体卸压拦截抽采和顶板走向高位钻孔抽采，以及传统的采空区埋管抽采技术。

7.2.2　应用效果分析

7.2.2.1　预抽效果分析

顺层长钻孔进行煤体瓦斯预抽，抽采初期单孔最大瓦斯浓度可达 90%，单孔最大瓦斯抽采纯量为 1.39m^3/min，百米钻孔最大瓦斯抽采纯量为 0.66m^3/min，多数抽采钻孔瓦斯浓度长期达到 50%以上。依据工作面煤层赋存情况及工作面瓦斯浓度，该工作面可抽瓦斯量为 2.394Mm^3，实际统计得到的该工作面预抽瓦斯量为 0.982Mm^3，风排瓦斯量为 0.518Mm^3，该工作面的瓦斯预抽率为 41.1%，相比于乌东煤矿+600m 水平的瓦斯预抽率 30%，相对提高了 37%。

预抽之后，对工作面可解吸瓦斯浓度进行现场测定，其中取样 12 次，平均 50m 取样一次，测得最大可解吸瓦斯浓度为 2.63m^3/t，平均可解吸瓦斯浓度为 1.53m^3/t，预抽效果显著。

7.2.2.2　回采过程中瓦斯涌出情况

1）工作面瓦斯涌出情况

工作面中部监测点测定的瓦斯浓度随着工作面的推进上下波动，瓦斯浓度最大值达到 0.26%，大部分瓦斯浓度稳定在 0.05%。瓦斯浓度较低，治理效果较好，如图 7.9 所示。

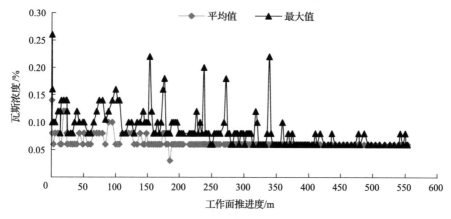

图 7.9 工作面瓦斯浓度变化曲线

2) 回风巷瓦斯涌出情况

回采过程中, 回风巷瓦斯涌出量如图 7.10 所示。

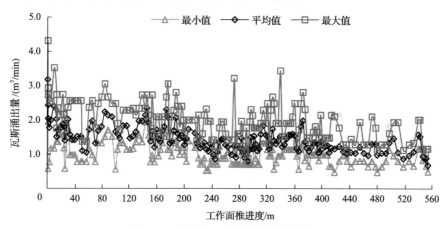

图 7.10 回风巷瓦斯涌出量变化曲线

由图 7.10 可知, 在开始回采时回风巷瓦斯涌出量较大, 最大为 4.3m³/min, 随着工作面的推进, 以及对采空区埋管、顶板走向高位钻孔和底部煤体进行瓦斯抽采后, 瓦斯涌出量有所减小。在整个回采过程中, 工作面配风量 812～968m³/min, 平均回风量为 917m³/min, 回风巷瓦斯浓度的平均值基本控制在 0.3% 以下, 瓦斯浓度最大值控制在 0.5% 以下。

3) 回风隅角瓦斯涌出情况

工作面回采时回风隅角瓦斯浓度如图 7.11 所示。从图 7.11 看出, 在整个工作面回采过程中，回风隅角瓦斯浓度最大值为 0.59%，上隅角瓦斯浓度平均值控制在 0.3%左右，瓦斯治理效果显著。随着工作面的推进，在 0～140m 内上隅角瓦斯浓度逐渐增加，随之，瓦斯浓度减低。在工作面推进 300～440m 过程中，上隅角瓦斯浓度突然增大，根据统计对比发现，这期间工作面推进度较大，煤炭产量较多，而上隅角瓦斯涌出量与工作面的日推进度和日生产量有关，但位于安全范围之内。

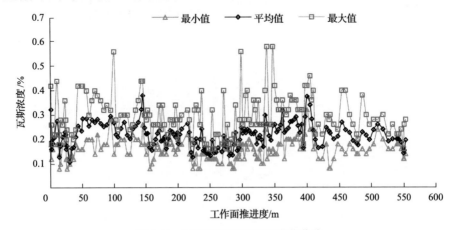

图 7.11　回风隅角瓦斯浓度变化曲线

4) 回采情况

整个工作面在生产期间无一瓦斯超限事故。生产期间，平均日进尺 3.9m，最大日进尺达到 9.50m，平均日产量为 1683.12t/d，最大日产量可达 4030.00t/d，累计安全推进 533m，实现原煤产量为 26.08 万 t，合计抽采瓦斯总量 1.31Mm^3。

参 考 文 献

[1] 武晓娟. 急倾斜厚煤层开采技术新疆推广[N]. 中国能源报, 2013-06-24(16).

[2] 孙闯, 陈东旭, 程耀辉, 等. 急倾斜煤层坚硬顶板塌落规律及控制研究[J/OL]. 岩石力学与工程学报, 2019(8): 1647-1658. [2019-07-10]. https://doi.org/10.13722/j.cnki.jrme.2019.0129.

[3] WANG G, FAN C, XU H, et al. Determination of long horizontal borehole height in roofs and its application to gas drainage[J]. Energies, 2018, 11(10): 2647.

[4] 鞠文君, 郑建伟, 魏东, 等. 急倾斜特厚煤层多分层同采巷道冲击地压成因及控制技术研究[J]. 采矿与安全工程学报, 2019, 36(2): 280-289.

[5] 张东升, 刘洪林, 范钢伟, 等. 新疆大型煤炭基地科学采矿的内涵与展望[J]. 采矿与安全工程学报, 2015, 32(1): 1-6.

[6] 屠洪盛, 屠世浩, 白庆升, 等. 急倾斜煤层工作面区段煤柱失稳机理及合理尺寸[J]. 中国矿业大学学报, 2013, 42(1): 6-11.

[7] 戴华阳, 郭俊廷, 易四海, 等. 急倾斜煤层水平分层开采岩层及地表移动机理[J]. 煤炭学报, 2013, 38(7): 1109-1115.

[8] 王家臣, 杨胜利, 李良晖. 急倾斜煤层水平分段综放顶板"倾倒-滑塌"破坏模式[J]. 中国矿业大学学报, 2018, 47(6): 1175-1184.

[9] 屠洪盛, 屠世浩, 陈芳, 等. 基于薄板理论的急倾斜工作面顶板初次变形破断特征研究[J]. 采矿与安全工程学报, 2014, 31(1): 49-55.

[10] 戴华阳, 易四海, 郭俊廷, 等. 急倾斜煤层水平分层开采地表移动预计方法[J]. 煤炭学报, 2013, 38(8): 1305-1311.

[11] 王生维, 王峰明, 侯光久, 等. 新疆阜康白杨河矿区急倾斜煤层的煤层气开发井型[J]. 煤炭学报, 2014, 39(9): 1914-1918.

[12] 李永明. 水体下急倾斜煤层充填开采覆岩稳定性及合理防水煤柱研究[D]. 徐州: 中国矿业大学, 2012.

[13] 陆卫东, 程刚. 基于 FLAC^{3D} 的急倾斜煤层水平分层开采围岩应力分析[J]. 煤矿安全, 2016, 47(1): 200-203.

[14] 许家林, 鞠金峰. 特大采高综采面关键层结构形态及其对矿压显现的影响[J]. 岩石力学与工程学报, 2011, 30(8): 1547-1556.

[15] 翁明月, 徐金海, 李冲. 综放工作面煤岩破坏及矿压显现与瓦斯涌出关系的实测研究[J]. 煤炭学报, 2011, 36(10): 1709-1714.

[16] 李建璞, 杨小彬, 刘伟. 坚硬顶板煤层一次采全高矿压显现规律研究[J]. 中国安全生产科学技术, 2013, 9(2): 18-22.

[17] 赵毅鑫, 王涛, 姜耀东. 基于 Hoek-Brown 参数确定方法的多煤层开采工作面矿压显现规律模拟研究[J]. 煤炭学报, 2013, 38(6): 970-976.

[18] 王国洪. 王家岭煤矿首采工作面的矿压显现特征及关键技术研究[D]. 北京: 中国矿业大学(北京), 2016.

[19] 钱鸣高, 石平五. 矿山压力与岩层控制[M]. 徐州: 中国矿业大学出版社, 2003.

[20] 宋振骐. 实用矿山压力[M]. 徐州: 中国矿业大学出版社, 1988.

[21] KRATZSCHING H. Mining subsidence engineering[J]. Environmental Geology, 1986, 8(3): 133-136.

[22] 张顶立. 综合机械化放顶煤开采采场矿山压力控制[M]. 北京: 煤炭工业出版社, 1999.

[23] 钱鸣高, 缪协兴, 许家林. 岩层控制的关键层理论[M]. 徐州: 中国矿业大学出版社, 2003.

[24] 崔健, 杨双锁, 赵飞, 等. 基于关键层理论的近水平煤层条带开采参数确定[J]. 煤矿安全, 2015, 46(3): 182-185.

[25] 温嘉辉. 关键层运动影响采场矿压的实验监测系统及应用[D]. 徐州: 中国矿业大学, 2016.

[26] 孙光中, 荆永滨, 王公忠, 等. 条带充填开采覆岩承载结构及地表变形研究[J]. 煤矿安全, 2016, 47(5): 73-76.

[27] 王刚, 罗海珠, 王继仁, 等. 近浅埋大采高工作面关键层破断规律研究[J]. 中国矿业大学学报, 2016, 45(3): 469-474.

[28] 赵国贞. 厚松散层煤层综放开采巷道围岩变形机理及控制研究[D]. 徐州: 中国矿业大学, 2014.

[29] 李柱. 大倾角煤层走向长壁大采高开采围岩运移规律研究[D]. 西安: 西安科技大学, 2013.

[30] 张勇, 张保, 李立. 急倾斜综放开采顶板裂隙发育规律对瓦斯抽采影响研究[J]. 采矿与安全工程学报, 2014, 31(5): 809-813.

[31] 石平五, 张幼振. 急倾斜煤层放顶煤开采"跨层拱"结构分析[J]. 岩石力学与工程学报, 2006, 25(1): 79-82.

[32] 石平五. 急倾斜煤层老顶破断运动的复杂性[J]. 采矿与安全工程学报, 1999(3): 26-28.

[33] 石平五, 漆涛, 张嘉凡, 等. 较薄急倾斜近距厚煤层水平分段放顶煤科学性分析[J]. 煤炭学报, 2004, 29(4): 385-387.

[34] 石平五, 高召宁. 急倾斜煤层开采围岩与覆盖层破坏规律[J]. 煤炭学报, 2003, 28(8): 13-16.

[35] 张伟, 来兴平, 漆涛, 等. 急倾斜煤层动力学失稳现场声发射监测[J]. 西安科技大学学报, 2011, 31(3): 253-257.

[36] 黄庆享, 李冬, 刘腾飞, 等. 急倾斜临界角煤层沿空留巷矿压规律与支护对策[J]. 采矿与安全工程学报, 2004, 21(4): 44-46.

[37] 黄庆享. 急倾斜放顶煤工作面来压规律[J]. 矿山压力与顶板管理, 1993(1): 52-56, 83.

[38] 黄庆享, 石平五. 急倾斜大段高综采放顶煤矿压研究[J]. 西安矿业学院学报, 1993(2): 97-104.

[39] 贾后省, 马念杰, 赵希栋. 浅埋薄基岩采煤工作面上覆岩层纵向贯通裂隙"张开—闭合"规律[J]. 煤炭学报, 2015, 40(12): 2787-2793.

[40] 来兴平, 孙欢, 单鹏飞, 等. 急倾斜特厚煤层水平分段综放开采覆层类椭球体结构分析[J]. 采矿与安全工程学报, 2014, 31(5): 716-720.

[41] 伍永平, 来兴平, 曹建涛, 等. 多场耦合下急倾斜煤层开采三维物理模拟(1)[J]. 西安科技大学学报, 2009, 29(6): 647-653.

[42] 来兴平, 伍永平, 张坤, 等. 多场耦合下急倾斜煤层开采三维物理模拟(2)[J]. 西安科技大学学报, 2009, 29(6): 654-660.

[43] 李树刚, 钱鸣高. 综放开采覆岩离层裂隙变化及空隙渗流特性研究[J]. 岩石力学与工程学报, 2000, 19(5): 604-607.

[44] 黄庆享, 黄克军, 刘素花. 急倾斜煤层长壁开采顶板结构与来压规律模拟[J]. 陕西煤炭, 2011, 30(3): 31-35.

[45] 华明国, 刘进平, 吴兵, 等. 基于相似模拟实验的采动裂隙场演化规律研究[J]. 华北科技学院学报, 2014, 11(2): 59-63.

[46] 李树刚, 李志梁, 林海飞, 等. 采高对采动裂隙演化规律的影响研究[J]. 矿业安全与环保, 2015, 42(10): 25-28.

[47] 张玉军, 高超. 急倾斜煤层水平分层综放开采覆岩破坏特征[J]. 煤炭科学技术, 2016, 44(1): 126-132.

[48] 崔峰, 来兴平, 曹建涛. 急倾斜煤层水平分段综放面开采扰动影响分析[J]. 采矿与安全工程学报, 2015, 32(4): 610-614.

[49] 高建强. 急倾斜煤层采空区覆岩稳定性预测研究[D]. 西安: 西安科技大学, 2014.

[50] 李生舟. 采动覆岩裂隙场演化及瓦斯运移规律研究[D]. 重庆: 重庆大学, 2012.

[51] 杨鹏. 采场上覆岩层采动裂隙演化规律相似模拟研究[J]. 煤炭科学技术, 2014, 42(8): 121-124.

[52] 王彪. 采动裂隙场中瓦斯运移规律实验研究及数值模拟[D]. 重庆: 重庆大学, 2014.

[53] 李立. 采动影响下煤体瓦斯宏细观尺度通道演化机理研究[D]. 北京: 中国矿业大学(北京), 2016.

[54] 齐消寒. 近距离低渗煤层群多重采动影响下煤岩破断与瓦斯流动规律及抽采研究[D]. 重庆: 重庆大学, 2016.

[55] 高保彬. 采动煤岩裂隙演化及其透气性能试验研究[D]. 北京: 北京交通大学, 2010.

[56] 李树刚, 赵鹏翔, 林海飞, 等. 煤岩瓦斯 "固-气" 耦合物理模拟相似材料特性实验研究[J]. 煤炭学报, 2015, 40(1): 80-86.

[57] 张东明, 齐消寒, 宋润权, 等. 采动裂隙煤岩体应力与瓦斯流动的耦合机理[J]. 煤炭学报, 2015, 40(4): 774-781.

[58] 王维华. 基于分形理论的采动覆岩裂隙渗透规律研究[J]. 煤炭技术, 2015, 34(9): 208-211.

[59] LIN H F, MA R F, LI S G, et al. Coupling model of evolution of mining fissure elliptic paraboloid zone and methane delivery[J]. Advanced Materials Research, 2013, 734-737: 546-550.

[60] 王刚, 程卫民, 郭恒, 等. 瓦斯压力变化过程中煤体渗透率特性的研究[J]. 采矿与安全工程学报, 2012, 29(5): 735-745.

[61] 王刚, 武猛猛, 王海洋, 等. 基于能量平衡模型的煤与瓦斯突出影响因素灵敏度分析[J]. 岩石力学与工程学报, 2015(2): 238-248.

[62] 翟成. 近距离煤层群采动裂隙场与瓦斯流动场耦合规律及防治技术研究[D]. 徐州: 中国矿业大学, 2008.

[63] 孟磊. 含瓦斯煤体损伤破坏特征及瓦斯运移规律研究[D]. 北京: 中国矿业大学(北京), 2013.

[64] 黄伟. 基于流固耦合动力学的矿压显现与瓦斯涌出相关性分析[D]. 徐州: 中国矿业大学, 2011.

[65] 费玉祥, 蔡峰, 张笑难, 等. 钻孔抽采瓦斯渗流特性的气固耦合模型[J]. 煤矿安全, 2014, 45(3): 1-4.

[66] 李文璞. 采动影响下煤岩力学特性及瓦斯运移规律研究[D]. 重庆: 重庆大学, 2014.

[67] MENG J Q, NIE B S. Numerical simulation study on fluid-solid coupling of coal seam gas drainage[J]. Journal of Mines, Metals and Fuels, 2013, 61(11/12): 337-341.

[68] 田富超, 秦玉金, 梁运涛, 等. 远距离煤层群采动区应力场与瓦斯流动场耦合机制研究及应用[J]. 采矿与安全工程学报, 2015, 32(6): 1031-1036.

[69] 刘黎, 李树刚, 徐刚. 采动煤岩体瓦斯渗流-应力-损伤耦合模型[J]. 煤矿安全, 2016, 47(4): 15-19.

[70] 胡胜勇, 张甲雷, 冯国瑞, 等. 煤矿采空区瓦斯富集机制研究[J]. 中国安全科学学报, 2016, 26(2): 121-125.

[71] 宋钰. 采空区瓦斯运移规律实验与数值模拟研究[D]. 西安: 西安科技大学, 2014.

[72] LIU Y K, CHANG L P, ZHOU F B, et al. Numerical modeling of gas flow in deformed well casing for the prediction of local resistance coefficients pertinent to longwall mining and its engineering evaluation[J]. Environment Arth Sciences, 2017, 76(20): 686.

[73] 杨变霞. 急倾斜特厚煤层综放工作面瓦斯涌出规律研究[D]. 唐山: 河北理工大学, 2010.

[74] 张新战, 陈建强, 漆涛, 等. 急倾斜煤层综放面瓦斯运移规律与综合治理[J]. 西安科技大学学报, 2013, 33(5): 532-537.

[75] 王刚, 程卫民, 谢军, 等. 瓦斯含量在突出过程中的作用分析[J]. 煤炭学报, 2011, 36(3): 429-434.

[76] 郭世杰, 夏彬伟. 特厚煤层综放开采采空区瓦斯运移数值模拟[J]. 中国科技信息, 2016, 7(8): 30-33.

[77] 王刚, 程卫民, 张清涛, 等. 石门揭煤突出模拟实验台的设计与应用[J]. 岩土力学, 2013, 34(4): 1202-1210.

[78] 王少锋, 王德明, 曹凯. 采空区及上覆岩层空隙率三维分布规律[J]. 中南大学学报(自然科学版), 2015, 45(3): 833-839.

[79] 程国强, 赵芳, 尚永会, 等. 非均质煤层瓦斯渗流的 SPH 方法模拟研究[J]. 煤炭学报, 2016, 41(5): 1152-1157.

[80] 罗新荣. 煤层瓦斯运移物理与数值模拟分析[J]. 煤炭学报, 1992(2): 49-56.

[81] 马鹏. 急倾斜煤层综放开采瓦斯运移规律研究[D]. 西安: 西安科技大学, 2013.

[82] 李鹏. 复合加卸载条件下含瓦斯煤渗流特性及其应用研究[D]. 北京: 中国矿业大学(北京), 2015.

[83] 屠洪盛. 薄及中厚急倾斜煤层长壁综采覆岩运动规律与控制机理研究[D]. 徐州: 中国矿业大学, 2014.

[84] YU B, MAKEEV V, YU A, et al. Technology of coal extraction from steep seam in the Ostrava-Karvina basin. Ugol Ukrainy[J]. 1993(3): 45-48.

[85] 解盘石. 大倾角煤层长壁开采覆岩结构及其稳定性研究[D]. 西安: 西安科技大学, 2011.

[86] 周颖. 大倾角煤层长壁综采工作面安全评价研究[D]. 西安: 西安科技大学, 2010.

[87] MATHUR R B, JAIN D K, PRASAD B. Extraction of thick and steep coal seams a global overview[J]. 4th Asian mining. Exploration, Exploitation, Environment. 1993(24): 475-478.

[88] 毛德兵, 蓝航, 徐刚, 等. 我国薄煤层综合机械化开采技术现状及其新进展[J]. 煤矿开采, 2011(3): 11-14, 76.

[89] 李俊斌. 急(倾)斜煤层柔性掩护支架采煤法[M]. 徐州: 中国矿业大学出版社, 2011.

[90] 王昌吉. 急倾斜中硬煤层采用综采工艺效果分析煤[J]. 煤, 2010, 19(11): 48-49.

[91] 卢喜山. 大倾角硬厚煤层综放工作面支护技术及应用研究[D]. 北京: 中国矿业大学(北京), 2013.

[92] 霍丙杰. 复杂难采煤层评价方法与开采技术研究[D]. 阜新: 辽宁工程技术大学, 2011.

[93] 张卫礼. 大洪沟矿急倾斜特厚煤层回采巷道矿压规律研究[D]. 西安: 西安科技大学, 2012.

[94] 康松. 俯伪斜走向长壁分段水平密集支柱采煤法的应用[J]. 中国煤炭工业, 2014(8): 59-60.

[95] 尹光志, 代高飞, 皮文丽, 等. 俯伪斜分段密集支柱采煤法缓和急倾斜煤层矿压显现不均匀现象的研究[J]. 岩石力学与工程学报, 2003(9): 1483-1488.

[96] 张基伟. 王家山矿急倾斜煤层长壁开采覆岩破断机理及强矿压控制方法[D]. 北京: 北京科技大学, 2015.

[97] 伍永平, 刘孔智, 负东风, 等. 大倾角煤层安全高效开采技术研究进展[J]. 煤炭学报, 2014, 39(8): 1611-1618.

[98] 解盘石, 伍永平, 王红伟, 等. 大倾角煤层大采高综采围岩运移与支架相互作用规律[J]. 采矿与安全工程学报, 2015, 32(1): 14-19.

[99] 王金安, 张基伟, 高小明, 等. 大倾角厚煤层长壁综放开采基本顶破断模式及演化过程(I)——初次破断[J]. 煤炭学报, 2015, 40(6): 1353-1360.

[100] 潘瑞凯, 曹树刚, 沈大富, 等. 俯伪斜开采采场顶板破断模型与工程实测研究[J]. 采矿与安全工程学报, 2017, 34(4): 637-643.

[101] 张铁岗. 矿井瓦斯综合治理技术[M]. 北京: 煤炭工业出版社, 2003.

[102] 伍爱友, 田云丽, 宋译, 等. 灰色系统理论在矿井瓦斯涌出量预测中的应用[J]. 煤炭学报, 2005, 30(5): 589-592.

[103] AQ1018-2006. 矿井瓦斯涌出量预测方法[S].

[104] 陶云奇, 许江, 李树春. 改进的灰色马尔柯夫模型预测采煤工作面瓦斯涌出量[J]. 煤炭学报, 2007, 32(4): 391-395.

[105] 郭德勇, 郑茂杰, 鞠传磊, 等. 采煤工作面瓦斯涌出量预测逐步回归方法[J]. 北京科技大学学报, 2009, 31(9): 1095-1099.

[106] 王晓路, 刘健, 卢建军. 基于虚拟状态变量的卡尔曼滤波瓦斯涌出量预测[J]. 煤炭学报, 2011, 36(1): 81-85.

[107] 汪明, 王建军. 基于随机森林的回采工作面瓦斯涌出量预测模型[J]. 煤矿安全, 2012, 43(8): 182-185.

[108] 付华, 姜伟, 单欣欣. 基于耦合算法的煤矿瓦斯涌出量预测模型研究[J]. 煤炭学报, 2012, 37(4): 654-657.

[109] 谢东海, 冯涛, 朱川曲. 回采工作面瓦斯涌出量的熵权均值属性测度模型及其应用[J]. 中南大学学报(自然科学版), 2013, 44(6): 2482-2486.

[110] 樊保龙, 白春华, 李建平. 基于 LMD-SVM 的采煤工作面瓦斯涌出量预测[J]. 采矿与安全工程学报, 2013, 30(6): 946-952.

[111] 何清. 工作面瓦斯涌出量预测研究现状及发展趋势[J]. 矿业安全与环保, 2016, 43(4): 98-101.

[112] CHENG W, SUN L, WANG G, et al. Experimental research on coal seam similar material proportion and its application[J]. International journal of mining science and technology, 2016, 26(5): 913-918.

[113] MANDELBORT B B. The fractal geometry of nature[M]. New York: W. H. Freeman and Company, 1982.

[114] 谢和平, 于广明, 杨伦, 等. 采动岩体分形裂隙网络研究[J]. 岩石力学与工程学报, 1999, 18(2): 29-33.

[115] 张向东, 徐峥嵘, 苏仲杰, 等. 采动岩体分形裂隙网络计算机模拟研究[J]. 岩石力学与工程学报, 2001, 20(6): 809-812.

[116] 程卫民, 孙路路, 王刚, 等. 急倾斜特厚煤层开采相似材料模拟试验研究[J]. 采矿与安全工程学报, 2016(3): 387-392.

[117] 李鸿昌. 矿山压力的相似模拟试验[M]. 徐州: 中国矿业大学出版社, 1988.

[118] 刘秀英. 采空区上覆岩体裂隙分形规律的实验研究[J]. 太原科技大学学报, 2009, 30(5): 428-431.

[119] LIU X F, NIE B S. Fractal characteristics of coal samples utilizing image analysis and gas adsorption[J]. Fuel, 2016, 182: 314-322.

[120] PRAKONGKEP N, SUDDHIPRAKARN A, KHEORUENROMNE I, et al. SEM image analysis for characterization of sand grains in Thai paddy soils[J]. Geoderma, 2010, 156(1/2): 20-31.

[121] 李振华, 丁鑫品, 程志恒. 薄基岩煤层覆岩裂隙演化的分形特征研究[J]. 采矿与安全工程学报, 2010(4): 576-580.

[122] 孙路路. 基于采动应力-裂隙场演化规律的急倾斜特厚煤层瓦斯治理技术研究[D]. 青岛: 山东科技大学, 2016.

[123] 佚名. 相似模拟实验技术方案[R]. 西安: 西安科技大学, 2014.

[124] 张璐. 基于 PFC3D 的模拟月壤本构关系研究[D]. 北京: 中国地质大学(北京), 2014.

[125] 夏才初, 宋英龙, 唐志成, 等. 粗糙节理剪切性质的颗粒流数值模拟[J]. 岩石力学与工程学报, 2012, 31(8): 1545-1552.

[126] Itasca Consulting Group. PFC3d theory and back-ground[M]. Minnesota, Minneapolis: Itasca Consulting Group, 2004.

[127] 王锐, 修毓, 王刚, 等. 基于颗粒流理论的煤与瓦斯突出数值模拟研究[J]. 山东科技大学学报(自然科学版), 2016, 35(4): 52-61.

[128] WANG T, ZHOU W B, CHEN J H, et al. Simulation of hydraulic fracturing using particle flow method and application in a coal mine[J]. International Journal of Coal Geology, 2014, 121(10): 1-13.

[129] 姜福兴, 孔令海, 刘春刚. 特厚煤层综放采场瓦斯运移规律[J]. 煤炭学报, 2011, 36(3): 407-411.

[130] 李永存, 林爱晖, 王海桥, 等. 风流脉动下采空区流场数值模拟与实验研究[J]. 中国工程科学, 2008, 10(2): 41-45.

[131] 孙维丽, 张卫亮. 小窑火区下煤层群多层采空区渗流数值模拟[J]. 煤矿安全, 2015, 46(3): 18-21.

[132] WU K, CHENG G, ZHOU D. Experimental research on dynamic movement in strata overlying coal mines using similar material modeling[J]. Arabian Journal of Geosciences, 2015, 8: 6521-6534.

[133] 李东印, 许灿荣, 熊祖强. 采煤工作面瓦斯流动模型及 COMSOL 数值解算[J]. 煤炭学报, 2012, 37(6): 967-971.

[134] 刘德君. 采空区的围岩应力分布及其与底板突水的关系[J]. 煤矿安全, 1988, 7: 35-39.

[135] 程久龙, 程洪良. 煤层底板破坏深度的声波 CT 探测试验研究[J]. 煤炭学报, 1999, 24(6): 576-580.

[136] 罗立平, 彭苏萍. 承压水体上开采底板突水灾害机理的研究[J]. 煤炭学报, 2005, 30(4): 459-462.

[137] 肖福坤, 段立群, 葛志会. 采煤工作面底板破裂规律及瓦斯抽采应用[J]. 煤炭学报, 2010, 35(3): 417-419.

[138] 钱鸣高, 石平五. 矿山压力与岩层控制[M]. 徐州: 中国矿业大学出版社, 2003.

[139] 马淑胤, 赵光明, 孟祥瑞. 急倾斜工作面底板应力分布与破坏规律研究[J]. 矿业研究与开发, 2015, 35(8): 67-71.

[140] 林峰. 煤层底板应力分布的相似材料模拟分析[J]. 淮南矿业学院学报, 1990, 10(3): 19-27.

[141] 曹树刚, 徐光明. 盘区巷道底板应力分布的研究[J]. 矿山压力与顶板管理, 1993(3): 178-181.

[142] 朱术云, 姜振泉, 姚普, 等. 采场底板岩层应力的解析法计算及应用[J]. 采矿与安全工程学报, 2007, 24(2): 191-194.

[143] 王明立. 急倾斜煤层开采底板岩层破坏机理研究[J]. 煤矿开采, 2009, 14(3): 87-89.

[144] 石平五, 刘晋安. 大倾角煤层底板破坏滑移机理[J]. 矿山压力与顶板管理, 1993(3): 115-119.

[145] 孟祥瑞, 徐铖辉, 高召宁, 等. 采场底板应力分布及破坏机理[J]. 煤炭学报, 2010, 35(11): 832-1836.

[146] 王连国, 韩猛, 王占盛, 等. 采场底板应力分布与破坏规律研究[J]. 采矿与安全工程学报, 2013, 3(3): 317-322.

[147] 卜万奎. 采场底板断层活化及突水力学机理研究[D]. 徐州: 中国矿业大学, 2009.

[148] 谢福星, 张召千, 崔凯. 大采高采场超前支承压力分布规律及应力峰值位置研究[J]. 煤矿开采, 2013, 18(1): 80-83.

[149] 朱术云, 姜振泉, 侯宏亮. 应用技术相对固定位置采动煤层底板应变的解析法及其应用[J]. 矿业安全与环保, 2008, 35(1): 18-20.

[150] 周维垣. 高等岩石力学[M]. 北京: 水利电力出版社, 1990.

[151] LOUIS C. A study of groundwater flow in jointed rock and its influence on the stability of rock mass[M]. London: Imperial College of Science and Technology, 1969.

[152] 耿克勤. 复杂岩基的渗流、力学及其耦合分析研究以及工程应用[D]. 北京: 清华大学, 1994.

[153] KELSALL P C, CASE J B, CHABANNES C R. Evaluation1 of excavation-induced changes in rock permeability[J]. International Journal of Rock Mechanics and Mining Sciences and Geomechanics Abstracts, 1984, 21(3): 123-135.

[154] 张金才, 王建学. 岩体应力与渗流的耦合及其工程应用[J]. 岩石力学与工程学报, 2006(10): 1981-1989.

[155] 李涛. 裂隙岩体渗流与应力耦合数值分析及工程应用[D]. 郑州: 华北水利水电大学, 2005.

[156] SOMERTON W H, SÖYLEMEZOGLU I M, DUDLEY R C. Effect of stress on permeability of coal[J]. International Journal of Rock Mechanics and Mining Sciences & Geomechanics Abstracts, 1975, 12(5/6): 129-145.

[157] HARPALANI S, MCPHERSON M J. The effect of gas evacuation on coal permeability test specimens[J]. International Journal of Rock Mechanics and Mining Sciences & Geomechanics Abstracts, 1984, 21(3): 161-164.

[158] DURUCAN S, EDWARDS J S. The effects of stress and fracturing on permeability of coal[J]. Mining Science and Technology, 1986, 3(3): 205-216.

[159] GAWUGA J K. Flow of gas through stressed carboniferous strata[D]. Nottingham: University of Nottingham, 1979.

[160] KHODOT V V. Role of methane in the stress state of a coal seam[J]. Journal of Mining Science, 1980, 16(5): 460-466.

[161] 许江, 鲜学福, 杜云贵, 等. 含瓦斯煤的力学特性的实验分析[J]. 重庆大学学报, 1993, 16(5): 42-47.

[162] 林柏泉, 周世宁. 含瓦斯煤体变形规律的实验研究[J]. 中国矿业学院学报, 1986, 3(9): 16.

[163] 梁冰, 章梦涛, 梁栋. 可压缩瓦斯气体在煤层中渗流规律的数值模拟[C]//中国岩石力学与工程学会. 中国北方岩石力学与工程应用学术会议论文集. 北京: 科学出版社, 1991.

[164] 赵阳升. 煤体-瓦斯耦合数学模型及数值解法[J]. 岩石力学与工程学报, 1994, 13(3): 220-239.

[165] 杨天鸿. 岩石破裂过程渗透性质及其与应力耦合作用研究[J]. 岩石力学与工程学报, 2002, 21(3): 457-457.

[166] 谢广祥, 胡祖祥, 王磊. 工作面煤层瓦斯压力与采动应力的耦合效应[J]. 煤炭学报, 2014, 39(6): 1089-1093.

[167] 赵阳升, 胡耀青. 孔隙瓦斯作用下煤体有效应力规律的实验研究[J]. 岩土工程学报, 1995, 17(3): 26-31.

[168] KOZENY J. Über kapillare leitung des wassers im boden[J]. Royal academy of science, vienna, Process class I, 1927, 136: 271-306.

[169] CARMAN P C. The determination of the specific surface of powders I. transactions[J]. Journal of the Society of Chemical Industries, 1938, 57: 225-234.

[170] CARMAN P C. Flow of gases through porous media[M]. New York: Academic Press, 1956.

[171] 刘伟, 范爱武, 黄晓明. 多孔介质传热传质理论与应用[M]. 北京: 科学出版社, 2006.

[172] 李建铭, 于不凡, 王佑安. 煤与瓦斯突出防治技术手册[M]. 徐州: 中国矿业大学出版社, 2006.

[173] 王志亮, 杨仁树. 现场测定煤层透气性系数计算方法的优化研究[J]. 中国安全科学学报, 2011, 21(3): 23-28.